农作物病虫害识别与绿色防控丛书

水稻病虫害识别与绿色防控图谱

彭 红 朱志刚 主编

河南科学技术出版社

·郑州·

内容提要

本书以文字说明与原色图谱相结合的方式，针对水稻产量和品质影响较大的36种主要病虫害，详细介绍了每种病虫害的分布与为害、症状（形态）特征、发生规律和绿色防控技术，以及目前田间常用的植物保护机械地面机、无人机的性能特点、主要技术参数及使用注意事项，提出了水稻主要病虫害绿色防控技术模式。本书内容丰富，图片清晰直观，文字浅显易懂，技术先进实用，适合广大农业（植物保护）技术推广人员、农业院校师生、各类农业社会化服务组织人员、种植大户及农资生产销售人员阅读使用。

图书在版编目（CIP）数据

水稻病虫害识别与绿色防控图谱 / 彭红，朱志刚主编. — 郑州：河南科学技术出版社，2021.8（2023.6重印）
（农作物病虫害识别与绿色防控丛书）
ISBN 978-7-5725-0525-6

Ⅰ.①水… Ⅱ.①彭… ②朱… Ⅲ.①水稻－病虫害防治－图谱 Ⅳ.①S435.11-64

中国版本图书馆CIP数据核字（2021）第141263号

出版发行：河南科学技术出版社
地址：郑州市郑东新区祥盛街27号　　邮编：450016
电话：（0371）65737028　65788613
网址：www.hnstp.cn
策划编辑：陈淑芹　杨秀芳　编辑信箱：hnstpnys@126.com
责任编辑：陈淑芹
责任校对：尹凤娟
装帧设计：张德琛
责任印制：张艳芳
印　　刷：永清县晔盛亚胶印有限公司
经　　销：全国新华书店
开　　本：890 mm × 1240 mm　1/32　印张：6.75　字数：200千字
版　　次：2021年8月第1版　2023年6月第2次印刷
定　　价：38.00元

如发现印、装质量问题，影响阅读，请与出版社联系并调换。

总编辑 吕国强

吕国强，男，大学本科学历，现任河南省植保植检站党支部书记、二级研究员，兼河南农业大学硕士研究生导师、河南省植物病理学会副理事长。长期从事植保科研与推广工作，在农作物病虫害预测预报与防治技术研究领域有较高造诣和丰富经验，先后主持及参加完成 30 多项省部级重点植保科研项目，获国家科技进步二等奖 1 项（第三名）、省部级科技成果一等奖 5 项（其中 2 项为第一完成人）、二等奖 7 项（其中 2 项为第一完成人）、三等奖 9 项。主编出版专著 26 部，其中《河南蝗虫灾害史》《河南农业病虫原色图谱》被评为河南省自然科学优秀学术著作一等奖；作为独著或第一作者，在《华北农学报》《植物保护》《中国植保导刊》等中文核心期刊发表学术论文 60 余篇；先后 18 次受到省部级以上荣誉表彰。为享受国务院政府特殊津贴专家、河南省优秀专家、河南省学术技术带头人，全国粮食生产突出贡献农业科技人员、河南省粮食生产先进工作者、河南省杰出专业技术人才，享受省（部）级劳动模范待遇。

本书主编　彭红

彭红，女，河南光山县人，硕士研究生学历，现任河南省植保植检站推广研究员，兼河南省植物保护学会常务理事。长期以来，一直从事小麦、水稻等农作物病虫害监测和防控技术研究与推广工作，主持或参加完成国家、省部级重点科研与开发推广项目15项，获部、省级科技成果10余项，其中一等奖3项，二等奖1项。主编或参与编写出版植保专著20余部，在国家级、省级刊物发表学术论文30余篇，主持编写国家农业行业标准1项，河南省地方标准11项。

本书主编　朱志刚

朱志刚，男，河南潢川县人，大学本科学历，现任信阳市植保植检站副站长、高级农艺师。1997年以来一直从事植保科研与推广工作，在水稻病虫害预测预报与绿色防控方面有着较深研究和丰富的实践经验。先后获河南省农牧渔业丰收奖一等奖1项，信阳市科技进步奖4项。编写出版《水稻病虫害原色图谱》《河南农业病虫原色图谱》等专著4部，在省级以上刊物发表学术论文20余篇。2013年被农业部植保办公室认证为农作物病虫害绿色防控技术高级培训师，为信阳市青年科技专家。

总序

　　我国是世界上农业生物灾害发生最严重的国家之一，常年发生的农作物病、虫、鼠、草害多达1 700种，其中可造成严重损失的有100多种，有53种属于全球100种最具危害性的有害生物。许多重大病虫一旦暴发成灾，不仅危害农业生产，而且影响食品安全、人身健康、生态环境、产品贸易、经济发展乃至公共安全。小麦条锈病、马铃薯晚疫病的跨区流行和东亚飞蝗、稻飞虱、稻纵卷叶螟、棉铃虫的暴发危害都曾给农业生产带来过毁灭性的损失；小麦赤霉病和玉米穗腐病不仅影响粮食产量，其病原菌产生的毒素还可导致人畜中毒和致癌、致畸。2019年联合国粮农组织全球预警的重大农业害虫——草地贪夜蛾入侵我国，当年该虫害波及范围就达26个省（市、自治区）的1 540个县（市、区），对国家粮食安全构成极大威胁。专家预测，未来相当长时期内，农作物病虫害发生将呈持续加重态势，监测防控任务会更加繁重。

　　长期以来，我国控制农业病虫害的主要手段是采取化学防治措施，化学农药在快速有效控制重大病虫危害、确保农业增产增收方面发挥了重要作用，但长期大量不合理地使用化学农药，会导致环境污染、作物药害、生态环境破坏等不良后果，同时通过食物链的富集作用，造成农畜产品农药残留，进而威胁人类健康。

　　随着国内农业生产中农药污染事件的频繁发生和农产品质量安全问题的日益凸显，兼顾资源节约和环境友好的绿色防控技术应运而生。2006年以来，我国提出了"公共植保、绿色植保"新理念，开启了农作物病虫害绿色防控的新征程。2011年，农业部印发《关于推进农作物病虫害绿色防控的意见》，随后将绿色防控作为推进现代植保体系建设、实施农药和化肥"双减行动"的重要内容。党的十八届五中全会提出了绿色发展新理念，2017年，中共中央办公厅、国务院办公厅印发《关于创新体制机制推进农业绿色发展的意见》，提出要强化病虫害全程绿色防控，有力推动绿色防控技术的应用。2019年，农业农村部、国家发展改革委、科技部、财政部等七部（委、局）联合印发《国家质量兴农战略规划（2018—2022年）》，提出实施绿色防控替代化学防治行动，建设绿色防控示范县，推动整县推进绿色防控工作。在新发展理念和一系列政策的推动下，各级植保部门积极开拓创新，加大研发力度，初步集成了不同生态区域、不同作物为主线的多个绿色防控技术模式，其示范和推广面积也不断扩大，到2020年底，我国主要农作物病虫害绿色防控应用面积超过8亿亩，绿色防控覆盖率达到40%以上，为促进农业绿色高质量发展发挥了重要作用。但尽管如此，从整体来讲，目前我国绿色防控主要依靠项目推动、以示范展示为主的状况尚未根本改变，无论从干部群众的认知程度、还是实际应用规模和效果均与农业绿色发展的迫切需求有较大差距。

为了更好地宣传绿色防控理念，扩大从业人员绿色防控视野，传播绿色防控相关技术和知识，助力推进农业绿色化、优质化、特色化、品牌化，我们组织有关专家编写了这套"农作物病虫害识别与绿色防控"丛书。

本套丛书共有小麦、玉米、水稻、花生、大豆5个分册，每个分册重点介绍对其产量和品质影响较大的病虫害40~60种，除精选每种病虫害各个时期田间识别特征图片，详细介绍其分布区域、形态（症状）特点、发生规律外，重点丰富了绿色防控技术的有关内容以及配图，提出了该作物主要病虫害绿色防控技术模式。同时，还介绍了田间常用高效植保器械的性能特点、主要技术参数及使用注意事项。内容全面，图文并茂，文字浅显易懂，技术先进实用。适合广大农业（植保）技术推广人员、农业院校师生、各类农业社会化服务组织人员、种植大户以及农资生产销售人员阅读使用。

各分册主创人员均为省内知名专家，有较强的学术造诣和丰富的实践经验。河南省植保推广系统广大科技人员通力合作，为编委会收集提供了大量基础数据和图片资料，在此一并致谢！

希望这套图书的出版对于推动我省乃至我国农业绿色高质量发展能够起到积极作用。

河南省植保植检站　二级研究员

河南省植物病理学会　副理事长　吕国强

享受国务院政府 特殊津贴专家

2020年11月

前　言

　　水稻是我国最重要的粮食作物，全国有 65% 以上的人口以大米为主食。我国是世界上的水稻生产大国，年种植面积 4.5 亿 ~ 4.7 亿亩，约占粮食作物总面积的 30%，总产量约占粮食总产量的 40%。稻谷种植面积居世界第二位，总产量居世界第一位，单产居世界第十位。稻谷生产的丰歉余缺，对我国的粮食生产安全意义重大。

　　水稻病虫害是影响我国水稻生产的重要因素，其中对水稻生产构成严重为害的达 30 多种，近年来其发生与为害呈加重趋势，如果不及时进行科学防治，每年将给水稻生产造成巨大损失。由于水稻病虫防控时效性强，技术要求高，防控难度大，加之目前我国从事农业生产的劳动者，多数不具备病虫害识别能力，错用、乱用、重用农药现象比比皆是，不仅达不到较好的防治效果，还给生态环境造成很大污染。因此，对水稻病虫害进行准确识别和科学防治，是水稻优质、高产、稳产的重要保障，当前生产上迫切需要一部浅显易懂、图文并茂的专业工具书。基于此，我们编写了这本《水稻病虫害识别与绿色防控图谱》，以供大家参考。

　　本书以文字说明与原色图谱相结合的方式，针对对水稻产量和品质影响较大的 19 种重要病害和 17 种重要害虫，详细介绍了每种病虫的分布与为害、症状（形态）特征、发生规律及绿色防控技术，并分别精选在实际生产中拍摄的反映为害状、病虫害症状特征关键识别和绿色防控技术等原色图片 300 余张。本书具有图文并茂、通俗易懂、形象直观、方便实用的特点，有助于读者对水稻主要病虫害快速进行田间诊断和提出防治对策，可为各级农业技术人员、植物保护专业化服务组织（合作社）、种植大户和广大农民群众提供十分有价值的参考。

本书在撰写过程中，得到了河南省植物保护推广系统广大科技人员的大力支持，在此表示衷心的感谢！由于时间仓促，以及我们的水平和经验所限，加之受基层拍摄设备等因素的限制，书中图片所展示的病虫种类距生产实际尚有一定差距，图片、文字材料中谬误之处也在所难免，敬请广大专家、同行、读者谅解，并批评指正！

编者

2020 年 11 月

目录

第一部分　农作物病虫害绿色防控概述……………………… 1

（一）绿色防控技术的形成与发展……………… 2

（二）绿色防控的定义………………………… 3

（三）绿色防控的功能………………………… 3

（四）实施绿色防控的意义…………………… 4

（五）绿色防控技术原则……………………… 4

（六）绿色防控的基本策略…………………… 5

（七）绿色防控的指导思想…………………… 6

（八）绿色防控技术体系……………………… 9

第二部分　水稻病害识别及绿色防控……………… 39

一、稻瘟病………………………………………… 40

二、水稻纹枯病…………………………………… 46

三、水稻条纹叶枯病……………………………… 51

四、稻曲病………………………………………… 56

五、水稻恶苗病…………………………………… 60

六、水稻胡麻斑病………………………………… 64

七、水稻白叶枯病………………………………… 67

八、水稻黑条矮缩病……………………………… 71

九、南方水稻黑条矮缩病………………………… 75

十、水稻谷枯病…………………………………… 79

十一、稻苗疫霉病………………………………… 81

十二、水稻叶鞘腐败病…………………………… 83

十三、稻粒黑粉病………………………………… 85

十四、水稻干尖线虫病…………………………… 87

十五、水稻旱青立病……………………………… 90

十六、水稻赤枯病 …………………………………… 92

十七、水稻根结线虫病 ……………………………… 95

十八、水稻穗腐病 …………………………………… 98

十九、水稻菌核病 …………………………………… 102

第三部分　水稻害虫识别及绿色防控 ……………… 105

一、二化螟 …………………………………………… 106

二、稻飞虱 …………………………………………… 115

三、稻纵卷叶螟 ……………………………………… 122

四、三化螟 …………………………………………… 127

五、大螟 ……………………………………………… 131

六、稻蓟马 …………………………………………… 136

七、直纹稻弄蝶（稻苞虫）………………………… 139

八、中华稻蝗 ………………………………………… 143

九、黑尾叶蝉 ………………………………………… 146

十、稻赤斑黑沫蝉 …………………………………… 149

十一、稻眼蝶 ………………………………………… 152

十二、稻黑蝽 ………………………………………… 155

十三、稻绿蝽 ………………………………………… 157

十四、稻棘缘蝽 ……………………………………… 160

十五、稻水象甲 ……………………………………… 162

十六、稻象甲 ………………………………………… 168

十七、蚜虫 …………………………………………… 172

第四部分　水稻病虫害全生育期绿色防控技术模式 …… 175

一、指导思想 ………………………………………… 176

二、防控对象及策略 ………………………………… 176

三、绿色防控主要措施 ……………………………… 176

第五部分　稻田常用高效植物保护机械介绍 ················ 191

　　一、地面施药器械 ································ 192

　　二、植物保护无人机 ····························· 197

第一部分　农作物病虫害绿色防控概述

（一）绿色防控技术的形成与发展

农作物病虫害的发生为害是影响农业生产的重要制约因素，使用化学农药防治病虫害在传统防治中曾占有重要地位，对确保农业增产增收起到了重要作用。2012～2014年农药年均使用量约31.1万t，比2009～2011年增长9.2%，单位面积农药使用量约为世界平均水平的2.5倍，虽然在2016年以来农药使用量趋于下降，但总量依然很大。长期大量不合理使用化学农药，会引起环境污染、作物药害，破坏生态平衡，同时通过食物链的富集作用，会造成农产品及人畜农药残留，威胁人类健康。

随着国内农业生产中农药污染事件的频繁发生和农产品质量安全问题的日益凸显，兼顾资源节约和环境友好的绿色防控技术应运而生，并越来越多地应用于现代植保工作中。2015年农业部（现农业农村部）发布《到2020年农药使用量零增长行动方案》，提出依靠科技进步，加快转变病虫害防控方式，强化农业绿色发展，推进农药减量控害，重点采取绿色防控措施，控制病虫发生为害，到2020年，力争实现农药使用总量零增长。"十三五"规划提出"实施藏粮于地、藏粮于技"战略，推进病虫害绿色防控。2019年中央1号文件提出"实现化肥农药使用量负增长"，进一步强化了通过绿色防治持续控制病虫害的指导思想。

绿色防控技术以生态调控为基础，通过综合使用各项绿色植保措施，包括农业、生态、生物、物理、化学等防控技术，达到有效、经济、安全地防控农作物病虫害，从而减少化学农药用量，保护生态环境，保证农产品无污染，实现农业可持续发展。对农作物病虫害实施绿色防控，是推进"高产、优质、高效、生态、安全"的现代农业建设，转变农业增长方式，提高我国农产品国际竞争力，促进农民收入持续增长的必然要求。

自2006年全国植保工作会议提出"公共植保、绿色植保"的理念以来，我国植保工作者积极开拓创新，大力开发农作物病虫害绿色防控技术，建立了一套较为完善的技术体系，并在农业生产中形成了以不同生态区域、不同作物为主线的技术模式。绿色防控技术推广应用范围不断扩大，涉及水稻、小麦、玉米、马铃薯、棉花、大豆、花生、蔬菜、果树、茶树等主要农作物。截至2016年，全国农作物病虫害绿色防控覆盖率达到25.2%，为减少化学农药的使用量、降低农产品的农药残留、保护生态环境做出了积极贡献。但是总的来说，我国的绿色防控技术还处于示范推广阶段，尚未全面实施，绿色防控技术实施的推进速度与农产品质量安全和生态环境安全的迫切需求还有较大差距。

（二）绿色防控的定义

农作物病虫害绿色防控，是指以确保农业生产、农产品质量和农业生态环境安全为目标，以减少化学农药使用量为目的，优先采取农业措施、生态调控、理化诱控、生物防治和科学用药等环境友好、生态兼容型技术和方法，将农作物病虫害等有害生物为害损失控制在允许水平的植保行为。

绿色防控是在生态学理论指导下的农业有害生物综合防治技术的概括，是对有害生物综合治理和我国植保方针的深化和发展。推进农作物病虫害绿色防控，是贯彻绿色植保理念，促进质量兴农、绿色兴农、品牌强农的关键措施。

（三）绿色防控的功能

对农作物病虫害开展绿色防控，通过采取环境友好型技术措施控制病虫为害，能够最大限度地降低现代病虫害防治技术的间接成本，达到生态效益和社会效益的最佳效果。

绿色防控是避免农药残留超标、保障农产品质量安全的重要途径。通过推广农业、物理、生态和生物防治技术，特别是集成应用抗病虫良种和趋利避害栽培技术，以及物理阻断、理化诱杀等非化学防治的农作物病虫害绿色防控技术，有助于减少化学农药的使用量，降低农产品农药残留超标风险，控制农业面源污染，保护农业生态环境安全。

绿色防控是控制重大病虫为害、保障主要农产品供给的迫切需要。

农作物病虫害绿色防控是适应农村经济发展新形势、新变化和发展现代农业的新要求而产生的，大力推进农作物病虫害绿色防控，有助于提高病虫害防控的装备水平和科技含量，有助于进一步明确主攻对象和关键防治技术，提高防治效果，把病虫为害损失控制在较低水平。

绿色防控是降低农产品生产成本、提升种植效益的重要措施。防治农作物病虫害单纯依赖化学农药，不仅防治次数多、成本高，而且还会造成病虫害抗药性增强，进一步加大农药使用量。大规模推广农作物病虫害绿色防控技术，可显著减少化学农药使用量，提高种植效益，促进农民增收。

（四）实施绿色防控的意义

党的十九大提出了绿色发展和乡村振兴战略。推广绿色农业是绿色发展理念和生态文明建设战略等国家顶层设计在农业上的具体实践，有利于推进农业供给侧结构性改革，是适应居民消费质量升级的大趋势，对缓解我国农业发展面临的资源与环境约束以及满足社会高品质农产品需求具有重要现实意义。

实施农作物病虫害绿色防控，是贯彻"预防为主、综合防治"的植保方针和"公共植保、绿色植保"的植保理念的具体行动，是提高病虫防治效益、确保农业增效、农作物增产、农民增收的技术保障，是保障农业生产安全、农产品质量安全、农业生态环境安全的有效途径，是实现绿色农业生产、推进现代农业科技进步和生态文明建设的重大举措，是维护生态平衡、保证人畜健康、促进人与自然和谐发展的重要手段。

（五）绿色防控技术原则

树立"科学植保、公共植保、绿色植保"理念，贯彻"预防为主、综合防治"的植保方针，依靠科技进步，以农业防治为基础，生物防治、物理防治、化学防治和生态调控措施相结合，借助先进植保机械和科学用药、精准施药技术，通过开展植保专业化统防统治的方式，科学有效地控制农作物病虫为害，保障农业生产安全、农产品质量安全和农业生态环境安全。

（六）绿色防控的基本策略

绿色防控以生态学原理为基础，把有害生物作为其所在生态系统的一个组成部分来研究和控制。强调各种防治方法的有机协调，尤其是强调最大限度地利用自然调控因素，尽量减少使用化学农药。强调对有害生物的数量进行调控，不强调彻底消灭，注重生态平衡。

1. 强调农业栽培措施　从土壤、肥料、水、品种和栽培措施等方面入手，培育健康作物。培育健康的土壤生态，良好的土壤生态是农作物健康生长的基础。采用抗性或耐性品种，抵抗病虫害侵染。采用适当的肥料、水以及间作、套种等科学栽培措施，创造不利于病虫生长和发育的条件，从而抑制病虫害的发生与为害。

2. 强调病虫害预防　从生态学入手，改造病菌的滋生地和害虫的虫源地，破坏病虫害的生态循环，减少菌源或虫源量，从而减轻病虫害的发生或流行。根据病害的循环周期以及害虫的生活史，采取物理、生态或化学调控措施，破坏病虫繁殖的关键环节，从而抑制病虫害的发生。

3. 强调发挥农田生态服务功能　发挥农田生态系统的服务功能，其核心是充分保护和利用生物多样性，降低病虫害的发生程度。既要重视土壤和田间的生物多样性保护和利用，同时也要注重田边地头的生物多样性保护和利用。生物多样性的保护与利用不仅可以抑制田间病虫暴发成灾，而且可以在一定程度上抵御外来病虫害的入侵。

4. 强调生物防治的作用　绿色防控注重生物防治技术的采用与发挥生物防治的作用。通过农田生态系统设计和农艺措施的调整来保护与利用自然天敌，从而将病虫害控制在经济损失允许水平以内。也可以通过人工增殖和引进释放天敌，使用生物制剂来防治病虫害。

5. 强调科学用药技术　绿色防控注重采用生态友好型措施，但没有拒绝利用农药开展化学防治，强调科学合理使用农药。通过优先选用生物农药和环境友好型化学农药，采取对症下药、适时用药、精准施药、交替轮换、科学混配等技术，遵守农药安全使用间隔期，推广高效植保机械，开展植保专业化统防统治，最大限度降低农药使用造成的负面影响。

（七）绿色防控的指导思想

1. 加强生态系统的整体观念　农田众多的生物因子和非生物因子等构成一个生态系统，在该生态系统中，各个组成部分是相互依存、相互制约的。任何一个组成部分的变动，都会直接或间接地影响整个生态系统，从而改变病虫害种群的消长，甚至病虫害种类的组成。农作物病虫害等有害生物是农田生态系统中的一个组成部分，防治有害生物必须全面考虑整个生态系统，充分保护和利用农田生态系统的生物多样性。在实施病虫害防治时，涉及的是一个区域内的生物与非生物因子的合理镶嵌和多样化问题，不仅要考虑主要防控对象的发生动态规律和防治关键技术，还要考虑全局，将视野扩大到区域层次或更高层次。

绿色防控针对农业生态系统中所有有害生物，将农作物视为一个能将太阳的能量转化为可收获产品的系统。强调在有害生物发生前的预先处理和防控，通过所有适当的管理技术，如增加自然天敌、种植抗病虫作物、采用耕种管理措施、正确使用农药等限制有害生物的发生，创造有利于农作物生长发育，有利于发挥天敌等有益生物的控制作用，而不利于有害生物发展蔓延的生态环境。注重生态效益和社会效益的有机统一，实现农业生产的可持续发展。

2. 充分发挥自然控制因素的作用　自然控制因素包括生物因子和非生物自然因子。多年来，单纯依靠大量施用化学农药防治病虫害，所带来的害虫和病原菌抗药性增强、生态平衡破坏和环境污染等问题日益严峻。因此，在防治病虫害时，不仅需要考虑防治对象和被保护对象，还需要考虑对环境的保护和资源的再利用。要充分考虑整个生态体系中各物种间的相互关系，利用自然控制作用，减少化学药剂的使用，降低防治成本。当田间寄主或猎物较多时，天敌因生存条件比较充足，就会大量繁殖，种群数量急剧增加，寄主或猎物的种群又因为天敌的控制而逐渐减少，随后，天敌种群数量也会因为食物减少、营养不良而下降。这种相互制约，使生态系统可以自我调节，从而使整个生态系统维持相对稳定。保护和利用有益生物控制病虫害，就是要保持生态平衡，使病虫害得到有效控制。田间常见的有益生物如捕食性、寄生性天敌和微生物等，在一定条件下，可有效地将病虫控制在经济损失允许水平以下。

3. **协调应用各种防治方法**　对病虫害的防治方法多种多样，协调应用就是要使其相辅相成。任何一种防治方法都存在一定的优缺点，在通常情况下，使用单一措施不可能长期有效地控制病虫害，需要通过各种防治方法的综合应用，更好地实现病虫害防治目标。但多种防治方法的应用不是单种防治方法的简单相加，也不是越多越好，如果机械叠加会产生矛盾，往往不能达到防治目的，而是要依据具体的目标生态系统，从整体出发，有针对性地选择运用和系统地安排农业、生物、物理、化学等必要的防治措施，从而达到辩证地结合应用，使所采用的防治方法之间取长补短，相辅相成。

4. **注重经济阈值及防治指标**　有害生物与有益生物以及其他生物之间的协调进化是自然界中普遍存在的现象，应在满足人类长远物质需求的基础上，实现自然界中大部分生物的和谐共存。绿色防控的最终目的，不是将有害生物彻底消灭，而是将其种群密度维持在一定水平之下，即经济受害允许水平之下。所谓经济受害水平，是指某种有害生物引起经济损失的最低种群密度。经济阈值是为防止有害生物造成的损失达到经济受害水平，需要进行防治的有害生物密度。当有害生物的种群达到经济阈值时就必须进行防治，否则不必采取防治措施。防治指标是指需要采取防治措施以阻止有害生物达到造成经济损失的程度。一般来说，生产上防治任何一种有害生物都应讲究经济效益和经济阈值，即防治费用必须小于或等于因防治而获得的收益。

实践经验告诉我们，即使花费巨大的经济代价，最终还是难以彻底根除有害生物。自然规律要求我们必须正视有害生物的合理存在，设法把有害生物的数量和发生程度控制在较低水平，为天敌提供相互依赖的生存条件，减少农药用量，维护生态平衡。

5. 综合评价经济、社会和生态效益 农作物病虫害绿色防控不仅可以减少病虫为害造成的直接损失，而且由于防控技术对环境友好，对社会、生态环境都有十分明显的效益。对绿色防控技术的评价与其他病虫害防控措施评价一样，主要包括成本和收益两个方面，但如何科学合理地分析和评价绿色防控效益是一项非常困难和复杂的工作。

从投入成本分析，防控技术的使用包含了直接成本和间接成本。直接成本主要反映在农民采用该技术的资金投入上，是农民对病虫害防治决策关注的焦点。间接成本是由防控技术使用的外部效应产生的，主要是指环境和社会成本，如化学农药的大量使用造成了使用者中毒事故、农产品中过量的农药残留、天敌种群和农田自然生态的破坏、生物多样性的降低、土壤和地下水污染等一些环境或社会问题，这些问题均是化学农药使用的环境和社会成本的集中体现。

从防治收益分析，防控技术包括了直接收益和间接收益。直接收益主要指农民采用防控技术后所挽回损失而增加的直接经济收入。间接收益主要是环境效益和社会效益，如减少化学农药的使用而减少了使用者中毒事故，避免了农产品农药残留而提高了农产品品质，增加了天敌种群和生物多样性，改善了农田自然生态环境，等等。

绿色防控的直接成本和经济效益遵循传统的经济学规律，易于测算，而间接成本和社会效益、生态效益没有明晰的界定，在很多情况下只能推测而难于量化。因此，对于实施绿色防控效益评价，要控制追求短期经济效益的评价方法，改变以往单用杀死害虫百分率来评价防治效果的做法，应强调各项防治措施的协调和综合，用生态学、经济学、环境保护学观点来全面评价。

6. 树立可持续发展理念 可持续发展战略最基本的理念，是既要考虑当前发展的需要，又要考虑未来发展的需要，不以牺牲后代人的利益为代价来满足当代人的利益，同时还应追求代内公正，即一部分人的发展不应损害另一部分人的利益。要将绿色防控融入可持续发展和环境保护之中，扩大病虫害绿色防控的生态学尺度，利用各种生态手段，合理应用农业、生物、物理和化学等防治措施，对有害生物进行适当预防和控制，最大限度地发挥自然控制因素的作用，减少化学农药使用，尽可能地降低对作物、人类健康和环境所造成的危害，实现协调防治的整体效果和经济、社会和生态效益最大化。

（八）绿色防控技术体系

绿色防控的目标与发展安全农业的要求相一致，它强调以农业防治为基础，以生态控害为中心，广泛利用以物理、生物、生态为重点的控制手段，禁止使用高毒高残留农药，最大限度减少常规化学农药的使用量。病虫害发生前，综合运用农业、物理、生态和生物等方法，减少或避免病虫害的发生。病虫害发生后，及时使用高效、低毒、低残留农药，精准施药，把握安全间隔期，尽可能减少农药对环境和农产品的污染。防治措施的选择和防治策略的决策，应全面考虑经济效益、社会效益和生态效益，最大限度地确保农业生产安全、农业生态环境安全和农产品质量安全。

经过多年实践，我国农作物病虫害绿色防控通过防治技术的选择和组装配套，已初步形成了包括植物检疫、农业措施、理化诱控、生态调控、生物防治和科学用药等一套主要技术体系。

1. 植物检疫 植物检疫是国家或地区政府，为防止危险性有害生物随植物及其产品的人为引入和传播，保障农林业的安全，促进贸易发展，以法律手段和行政、技术措施强制实施的植保措施。植物检疫是一个综合的管理体系，涉及法律规范、国际贸易、行政管理、技术保障和信息管理等诸多方面，其内容涉及植保中的预防、杜绝或铲除等方面，其特点是从宏观整体上预防一切有害生物（尤其是本区域范围内没有的）的传入、定植与扩展，它通过阻止危险性有害生物的传入和扩散，达到避免植物遭受生物灾害为害的目的。

我国植物检疫分为国内检疫（内检）和国外检疫（外检）。国内检疫是防止国内原有的或新近从国外传入的检疫性有害生物扩展蔓延，将其封锁在一定范围内，并尽可能加以消灭。国外检疫是防止检疫性有害生物传入国内或携带出国。通过对植物及其产品在运输过程中进行检疫检验，发现带有被确定为检疫性有害生物时，即可采取禁止出入境、限制运输、进行消毒除害处理、改变输入植物材料用途等防范措施。一旦检疫性有害生物入侵，则应在未传播扩散前及时铲除。此外，在国内建立无病虫种苗基地，提供无病虫或不带检疫性有害生物的繁殖材料，则是防止有害生物传播的一项根本措施（图1、图2）。

图1　植物检疫

图2　集中销毁

2. 农业措施　农业措施或称为植物健康技术，是指通过科学的栽培管理技术，培育健壮植物，增强植物抗害、耐害和自身补偿能力，有目的地改变某些因子，从而控制有害生物种群数量，减少或避免有害生物侵染为害的可能性，达到稳产、高产、高效率、低成本之目的的一种植保措施。其最大优点是不需要过多的额外投入，且易与其他措施相配套。

　　绿色防控就是将病虫害防控工作作为人与自然和谐共生系统的重要组成部分，突出其对高效、生态、安全农业的保障作用。健康的作物是有害生物防治的基础，实现绿色防控首先应遵循栽培健康作物的原则，从培育健康的农作物和良好的农田生态环境入手，使植物生长健壮，并创造有利于天敌的生存繁衍而不利于病虫害发生的生态环境，只有这样才能事半功倍，病虫害的控制才能经济有效。主要做法有改进耕作制度、使用无害种苗、选用抗性良种、加强田间管理和安全收获等。

（1）培育健康土壤环境：培育健康的植物需要健康的土壤，植物健康首先需要土壤健康。良好的土壤管理措施可以改良土壤的墒情，提高作物养分的供给和促进作物根系的发育，从而能增强农作物抵御病虫害的能力，抑制有害生物的发生。不利于农作物生长的土壤环境，则会降低农作物对有害生物的抵抗能力，加重有害生物为害程度。培育健康土壤环境的途径包括：合理耕翻土地保持良好的土壤结构，合理作物轮作（间作、套种）调节土壤微生物种群，必要时进行土壤处理，局部控制不利微生物合理培肥土壤保证良好的土壤肥力等（图3～图6）。

（2）选用抗（耐）性品种：选用具有抗害、耐害特性的作物品种

图3　生物多样性

图4　小麦油菜间作

图5　土壤深翻

图6　小麦宽窄行播种

是栽培健康作物的基础，也是防治作物病虫害最根本、最经济有效的措施。在健康的土壤上种植具有良好抗性的农作物品种，在同样的条件下，能通过抵抗灾害、耐受灾害以及灾后补偿作用，有效减轻病虫害对作物的侵害损失，减少化学农药的使用。作物品种的抗害性是一种遗传特性，抗性品种按抵抗作用对象分类，主要有抗病性品种、抗虫性品种和抗干旱、低温、渍涝、盐碱、倒伏、杂草等不良因素的品种等。由于不同的作物、不同的区域对品种的抗性有不同要求，要根据不同作物种类、不同的播期和针对当地主要病虫害控制对象，因地制宜选用高产、优质抗（耐）性品种，且不同品种要合理布局。

（3）种苗处理：种苗处理技术主要指用物理、化学的方法处理种苗，保护种子和苗木免受病虫害直接为害、间接寄生的措施。常用方法有汰除、晒种、浸种、拌种、包衣、嫁接等。

汰除是利用被害种苗和健壮种苗的形态、大小、相对密度、颜色等方面的差异，精选健壮无病的种苗，包括手选、筛选、风选、水选、色选、机选等。

晒种和浸种是物理方法。晒种是利用阳光照射杀灭病菌、驱除害虫等。浸种主要是用一定温度的水浸泡种苗，利用作物和病虫对高温或低温的耐受程度差异而杀灭病菌虫卵等。广义的晒种和浸种还包括用一些人工特殊光源和配制特定药液处理种苗的技术。

拌种和包衣是使用化学药剂处理种子的方法，广泛应用于各种不同作物种子处理上：一种是在种子生产加工过程中，根据种子使用区域的病虫害种类和品种本身抗性情况，配制特定的种子处理药剂，以种子包衣为主的方式进行处理；另一种是在播种前，根据需要对未包衣的种子或需二次处理的包衣种子进行的药剂拌种处理。

嫁接是一个复合过程，主要是利用砧木的抗性和物理的方式阻断病虫的为害，主要用于果树等多年生作物。

（4）培育壮苗：培育壮苗是通过控制苗期水肥和光照供应、维持合适温湿度、防治病虫等措施，在苗期创造适宜的环境条件，使幼苗根系发达、植株健壮，组织器官生长发育正常、分化协调进行，无病虫为害，增强幼苗抵抗不良环境的能力，为抗病虫、丰产打下良好基础。

培育壮苗包括培育健壮苗木和大田调控作物苗期生长，特别是合理使用植物免疫诱抗剂、植物生长调节剂等，如氨基寡糖素、超敏蛋白、葡聚糖、几丁质、芸薹素、胺鲜酯、抗倒酯、S-抗素等，可以提高植株对病虫、逆境的抵抗能力，为农作物的健壮生长打下良好的基础（图7、图8）。

图7 抗倒酯

图8 培育壮苗

图9 科学施肥

（5）平衡施肥：通过测土配方施肥，提供充足的营养，培育健康的农作物，即采集土壤样品，分析化验土壤养分含量，按照农作物对营养元素的需求规律，按时按量施肥增补，为作物健壮生长创造良好的营养条件，特别是要注意有机肥，氮、磷、钾复合肥料及微量元素肥料的平衡施用（图9）。

（6）田间管理：搞好田间管理，营造一个良好的作物生长环境，不仅能增强植株的抗病虫、抗逆境的能力，还可以起到恶化病虫害的生存条件、直接杀灭部分菌源及虫体、降低病虫发生基数、减少病虫传播渠道的效果，从而控制或减轻甚至避免病虫为害。田间管理主要包括适期播种、合理密植、中耕除草、适当浇水、秋翻冬灌、清洁田园、人工捕杀等。

作物播种季节，在土壤温度、墒情、农时等条件满足的情况下，适期播种可以保证一播全苗、壮苗，有时为了减轻或避免病虫为害，可适当调整播期，使作物受害敏感期与病虫发生期错开。播种时合理密植，科学确定作物群体密度，增强田间通风透光性，使作物群体健壮、整齐，抑制某些病虫的发生。

作物生长期，精细田间管理，结合农事操作，及时摘去病虫为害的叶片、果实或清除病株、抹杀害虫，中耕除草，铲除田间及周边杂草，消灭病虫中间寄主。加强肥水管理，不偏施氮肥，施用腐熟的有机肥，增施磷钾肥，科学灌水，及时排涝，控制田间湿度，防止作物生长过于嫩绿、贪青晚熟，增强植株对病虫的抵抗能力。

在作物收获后，及时耕翻土壤，消灭遗留在田间的病株残体，将病虫翻入土层深处，冬季灌水，破坏或恶化病虫滋生环境，减少病虫越冬基数（图10～图12）。

图10 秸秆还田

图11 节水灌溉

图12 泡田灭杀水稻二化螟

3. 理化诱控 理化诱控技术主要指物理防治，是利用光线、颜色、气味、热能、电能、声波、温湿度等物理因子及应用人工、器械或动力机具等防治有害生物的植保措施。常用方法有利用害虫的趋光、趋化性等习性，通过布设灯光、色板、昆虫信息素、食物气味剂等诱杀害虫；通过人工或机械捕杀害虫；通过阻隔分离、温度控制、微波辐射等控制病虫害。理化诱控技术见效快，可以起到较好的控虫、防病的作用，常把害虫消灭于为害盛期发生之前，也可作为害虫大量发生时的一种应急措施。但理化诱控多对害虫某个虫态有效，当虫量过大时，只能降低田间虫口基数，防控虫害效果有限，需要采取其他措施来配合控制害虫。主要应用于小麦、玉米、水稻、花生、大豆、棉花、马铃薯、蔬菜、果树、茶叶等多种粮食及经济作物。

（1）灯光诱控：灯光诱控是利用害虫的趋光性特点，通过使用不同光波的灯光以及相应的诱捕装置，控制害虫种群数量的技术。由于许多昆虫对光有趋向性，尤其是对 365 nm 波长的光波趋性极强，多数诱虫灯产品能诱捕杀灭害虫，故俗称为杀虫灯。杀虫灯利用害虫较强的趋光、趋波、趋色、趋化的特性，将光的波长、波段、波频设定在特定范围内，近距离用光、远距离用波，加以诱捕到的害虫本身产生的性信息引诱成虫扑灯，灯外配以高压电网触杀或挡板，使害虫落入灯下的接虫袋或水盆内，达到杀灭害虫的目的。杀虫灯按能量供应方式分为交流电式和太阳能两种类型，按灯光类型分为黑光灯、高压汞灯、频振式诱虫灯、投射式诱虫灯等类型。杀虫灯的特点是应用范围广、杀虫谱广、杀虫效果明显、防治成本低，但也有对靶标害虫不精准的缺点。杀虫灯主要用于防治以鳞翅目、鞘翅目、直翅目、半翅目为主的多种害虫，如棉铃虫、玉米螟、黏虫、斜纹夜蛾、甜菜夜蛾、银纹夜蛾、二点委夜蛾、桃蛀螟、稻飞虱、稻纵卷叶螟、草地螟、卷叶蛾、食心虫、吸果夜蛾、刺蛾、毒蛾、椿象、茶细蛾、茶毛虫、地老虎、金龟子、金针虫等（图 13 ~ 图 19）。

图 13　频振式诱虫灯

图 14　太阳能杀虫灯

图 15　不同类型的
杀虫灯（1）

图 16　不同类型的
杀虫灯（2）

图 17　黑光灯

图 18　成规模设置杀虫灯（2）

图 19　灯光诱杀效果

（2）色板诱控：色板诱控是利用害虫对颜色的趋向性，通过在板上涂抹黏虫胶诱杀害虫。主要有黄色诱虫板、绿色诱虫板、蓝色诱虫板、黄绿蓝系列性色板以及利用性信息素的组合板等。不同种类的害虫对颜色的趋向性不同，如蓟马对蓝色有趋性，蚜虫对黄色、橙色趋性强烈，可选择适宜色板进行诱杀。色板诱控优点是对较小的害虫有较好的控制作用，是对杀虫灯的有效补充；缺点是对有益昆虫有一定的杀伤作用，使用成本较高，在害虫发生初期使用防治效果好。常用色板主要有黄板、蓝板及信息素板，对蚜虫、白粉虱、烟粉虱、蓟马、斑潜蝇、叶蝉等害虫诱杀效果好（图 20 ~ 图 22）。

（3）信息素诱控：昆虫信息素诱控主要是指利用昆虫的性信息素、报警信息素、空间分布信息素、产卵信息素、取食信息素等对害虫进

图20 黄板诱杀

图21 蓝板诱杀

图22 红板诱杀

行引诱、驱避、迷向等，从而控制害虫为害的技术。生产上以人工合成的性信息素为主的性诱剂（性诱芯）最为常见。信息素诱控的特点是对靶标害虫精准，专一性和选择性强，仅对有害的靶标生物起作用，对其他生物无毒副作用。性诱剂的使用多与相应的诱捕器配套，在害虫发生初期使用，一般每个诱捕器可控制3～5亩。诱捕器放置的位置、高度、气流情况会影响诱捕效果，诱捕器放置高度依害虫的飞行高度而异。性诱剂还可用于害虫测报、迷向，操作简单、省时。缺点是性诱剂只引诱雄虫，不好掌握时机，若错过成虫发生期，则防控效果不佳。信息素诱控主要用于水稻、玉米、小麦、大豆、花生、果树、蔬菜等粮食作物和经济作物，防治棉铃虫、斜纹夜蛾、甜菜夜蛾、金纹细蛾、玉米螟、小菜蛾、瓜实蝇、稻螟虫、食心虫、潜叶蛾、实蝇、小麦吸浆虫等害虫（图23～图29）。

图 23　二化螟性诱芯（1）

图 24　二化螟性诱芯（2）

图 25　性诱芯防治蔬菜害虫

图 26　稻螟虫性诱捕器

图 27　金纹细蛾性诱芯

图 28　信息素诱捕器（1）

图 29　信息素诱捕器（2）

（4）食物诱控：食物诱控是通过提取多种植物中的单糖、多糖、植物酸和特定蛋白质等，合成具有吸引和促进害虫取食的物质，以吸引取食活动的方法捕杀害虫，该食物俗称为食诱剂。食诱剂借助于高分子缓释载体在田间持续发挥作用，使用极少量的杀虫剂或专利的物理装置即可达到吸引、杀灭害虫的目的，使用方法有点喷、带施、配合诱集装置使用等。不同种类的害虫对化学气味的趋性不同，如地老虎和棉铃虫对糖蜜、蝼蛄对香甜物质、种蝇对糖醋和葱蒜叶等有明显趋性，可利用食诱剂、糖醋液、毒饵、杨柳枝把等进行诱杀（图30～图34）。食物诱控的特点是能同时诱杀害虫雌雄成虫，对靶标害虫的吸引和杀灭效果好，对天敌益虫的毒副作用小，不易产生抗药性、无残留，对绝大部分鳞翅目害虫均有理想的防治效果。主要用于果树、蔬菜、花生、大豆及部分粮食作物等，可诱杀玉米螟、棉铃虫、银纹夜蛾、地老虎、金龟子、蝼蛄、柑橘大食蝇、柑橘小食蝇、瓜食蝇、天牛等害虫。

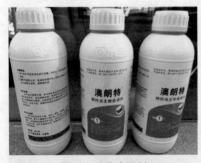
图30　生物食诱剂

图31　食诱剂诱杀害虫

图32　糖醋液诱杀害虫

图33　枝把诱杀（1）　　　图34　枝把诱杀（2）

（5）隔离驱避技术：隔离驱避技术是利用物理隔离、颜色或气味负趋性的原理，以达到降低作物上虫口密度的目的。主要种类有防虫网、银灰膜、驱避剂、植物驱避害虫、果实套袋、茎干涂石灰等。驱避技术的特点是防治效果好、无污染，但成本较高。主要应用在水稻、果树、蔬菜、烟草、棉花等作物上（图35～图36）。

图35　防虫网　　　　　图36　果实套袋

防虫网的作用主要为物理隔离，通过一种新型农用覆盖材料把作物遮罩起来，将病虫拒于栽培网室之外，可控制害虫以及其传播病毒病的为害。防虫网除具有遮光、调节温湿度、防霜冻以及抗强风暴雨的优点外，还能防虫防病，保护天敌昆虫，大幅度减少农药使用，是一种简便、科学、有效的预防病虫措施。

银灰色地膜是在基础树脂中添加银灰色母粒料吹制而成，或采用喷涂工艺在地膜表面复合一层铝箔，使之成为银灰色或带有银灰色条带的地膜。银灰膜除具有增温保墒的作用外，对蚜虫还有驱避作用。由于蚜虫对银灰色有忌避性，用银灰色反光塑料薄膜做大棚覆盖、围边材料、地膜，利用银灰地膜的反光作用，人为地改变了蚜虫喜好的叶子背面的生存环境，抑制了蚜虫的发生，同时，银灰膜可以提高作物中下部的光合作用，对果实着色和提高含糖量有帮助。

利用昆虫的生物趋避性，在需保护的农作物田内外种植驱避植物，其次生性代谢产物对害虫有驱避作用，可减少害虫的发生量，如：香茅草可以驱除柑橘吸果夜蛾，除虫菊、烟草、薄荷、大蒜可驱避蚜虫，薄荷可驱避菜粉蝶等。

保护地设施栽培可调控温湿度，创造不利于病虫的适生条件。田间及周边种植驱避、诱集作物带，保护利用天敌或集中诱杀害虫，常用的驱避或引诱植物有蒲公英、鱼腥草、三叶草、薰衣草、薄荷、大葱、韭菜、洋葱、菠菜、番茄、花椒、一串红、除虫菊、金盏花、茉莉、天竺葵以及红花、芝麻、玉米、蓖麻、香根草等（图37）。

图37　稻田周边种植香根草

（6）太阳能土壤消毒：在夏季高温休闲季节，地面或棚室通过较长时间覆盖塑膜密闭来提高土壤或室内温度，可杀死土壤中或棚室内的害虫和病原微生物。在作物生长期，高温闷棚可抑制一些不耐高温的病虫发展。随着太阳能土壤消毒技术不断发展完善，与其他措施结合，形成了各种形式的适合防治不同土传病虫害的太阳能土壤消毒技术。主要应用于保护地作物及设施农业。另外，还可用原子能、超声波、紫外线和红外线等生物物理学防治病虫害。

4. 生态调控　　生态调控技术主要采用人工调节环境、食物链加环增效等方法，协调农田内作物与有害生物之间、有益生物与有害生物之间、环境与生物之间的相互关系，达到灭害保益、提高效益、保护环境的目的。生态调控的特点是充分利用生态学原理，以增加农田生物的多样性和生态系统的复杂性，从而提高系统的稳定性。

利用生物多样性，可调整农田生态中病虫种群结构，增加农田生态系统的稳定性，创造有利于有益生物的种群稳定和增长的环境。还可调整作物受光条件和田间小气候，设置病虫害传播障碍，既可有效抑制有害生物的暴发成灾，又可抵御外来有害生物的入侵，从而减轻农作物病虫害压力和提高作物产量。

常用的途径有：采用间作、套种以及立体栽培等措施，提高作物多样性。推广不同遗传背景的品种间作，提高作物品种的多样性。植物与动物共育生产，提高农田生态系统的多样性。果园林间种植牧草、养鸡、养鸭增加生态系统的复杂性（图38~图48）。

图38　油菜与小麦间作

图39　大豆田间点种高粱

图40　红薯与桃树套种

图41　大豆与玉米间作

图 42　果园种草

图 43　辣椒与玉米间作

图 44　大豆与林苗套种

图 45　辣椒与大豆间作

图 46　路旁点种大豆

图 47　果园养鸭

图48　稻田养鸭

5. 生物防治　天敌是指自然界中某种生物专门捕食或侵害另一种生物，前者是后者的天敌，天敌是生物链中不可缺少的一部分。根据生物群落种间关系，分为捕食关系和寄生关系。农作物病虫害和其天敌被习惯称为有害生物和有益生物，天敌包括天敌昆虫、线虫、真菌、细菌、病毒、鸟类、爬行动物、两栖动物、哺乳动物等。

生物防治是指利用有益生物及其代谢产物控制有害生物种群数量的一种防治技术，根据生物之间的相互关系，人为增加有益生物的种群数量，从而取得控制有害生物的效果。生物防治的内涵广泛，一般常指利用天敌来控制有害生物种群的控害行为，即采用以虫治虫、以螨治螨、以虫除草等防治有害生物的措施，广义的生物防治还包括生物农药防治。

生物防治根据生物间作用方式，可以分为捕食性天敌、寄生性天敌、自然天敌保护利用和天敌繁育引进等。生物防治优点是自然资源丰富、防治效率高、具有持久性、对生态环境安全、无污染残留、病虫不会产生抗性等，但防治效果缓慢、绝对防效低、受环境影响大、生产成本高、应用技术要求高等。生物防治的途径有保护有益生物、引进有益生物、有益生物的人工繁殖与释放、生物产物的开发利用等。主要应用于小麦、玉米、水稻、蔬菜、果树、茶叶、棉花、花生等作物。

（1）寄生性天敌：寄生性天敌昆虫多以幼虫体寄生寄主，随着天敌幼虫的发育完成，寄主缓慢地死亡和毁灭。寄生性天敌按其寄生部位可分为内寄生和外寄生，按被寄生的寄主发育期可分为卵寄生、幼虫寄生、蛹寄生和成虫寄生。常用于生物防治的寄生性天敌昆虫有姬蜂、蚜茧蜂、赤眼蜂、丽蚜小蜂、平腹小蜂等，主要应用于小麦、玉米、水稻、果树、蔬菜、棉花、烟草等作物（图49～图52）。

图49 棉铃虫被病原细菌寄生

（2）捕食性天敌：捕食性天敌昆虫主要以幼虫或成虫主动捕食大量害虫，从而达到消灭害虫、控制害虫种群数量、减轻为害的效果。常用于生物防治的捕食性天敌昆虫有瓢虫、食蚜蝇、食虫蝽、步甲、捕食虻等，还有其他捕食性天敌或有益生物，如蜘蛛、捕食螨、两栖类、爬行类、鸟类、鱼类、小型哺乳动物等，主要应用于小麦、玉米、水稻、蔬菜、果树、棉花、茶叶等作物（图53～图63）。

（3）保护利用自然天敌：生态系统的构成中，没有天敌和害虫之分，它们都是生态链中的一个环节。当人们为了某种目的，从生态系

图51 人工释放赤眼蜂防治玉米螟

图50 蚜虫被蚜茧蜂寄生

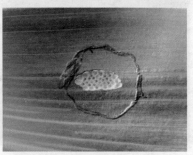

图52 玉米螟卵被赤眼蜂寄生

图 53　人工释放瓢虫卵卡　　　　　图 54　瓢虫成虫

图 55　人工释放捕食螨防治苹果山楂叶螨　　图 56　食蚜蝇幼虫（1）

图 57　食蚜蝇幼虫 (2)　　　　　图 58　烟盲蝽幼虫

图59 步甲成虫

图60 捕食虻成虫

图61 螳螂成虫

图62 草蛉卵

图63 蜘蛛捕食

统的某一环节获取其经济价值时，就会对生态系统的平衡产生影响。从经济角度讲，就有了害虫和天敌（益虫）之分。如果生态处于平衡状态，害虫就不会泛滥，也不需防治，当天敌和害虫的平衡被破坏，为了获取作物的经济价值，就要进行防治。而化学农药的不合理使用，在杀死害虫的同时，也杀死了大量天敌，失去天敌控制的害虫就会严重发生。

通过营造良好生态环境、保护天敌的栖息场所，为天敌提供充足的替代食物，采用对有益生物影响最小的防控技术，可有效地维持和增加农田生态系统中有益生物的种群数量，从而保持生态平衡，达到自然控制病虫为害的目的。常用的途径有：采用选择性诱杀害虫、局部施药和保护性施药等对天敌种群影响最小的技术控制病虫害，避免大面积破坏有益生物的种群。采用在冬闲田种植油菜、苜蓿、紫云英等覆盖作物的保护性耕作措施，为天敌昆虫提供越冬场所。在作物田间或周边种植苜蓿、芝麻、油菜、花草等作物带，为有益生物建立繁衍走廊、避难场所和补充营养的食源（图64～图66）。

图64　苜蓿与棉花套种

图65　田边点种芝麻

图66　路旁种植花草

（4）繁育引进天敌：对一些常发性害虫，单靠天敌本身的自然增殖很难控制其为害，应采取人工繁殖和引进释放的方式，以补充田间天敌种群数量的不足。同时，还可以从国内外引进、移植本地没有或形不成种群的优良天敌品种，使之在本地定居增殖。常见的有人工繁殖和释放赤眼蜂、蚜茧蜂、丽蚜小蜂、平腹小蜂、金小蜂、瓢虫、草蛉、捕食螨、深点食螨瓢虫及农田蜘蛛等天敌（图67～图69）。

图67　释放赤眼蜂

图68　释放瓢虫

图69　释放捕食螨

（5）生物工程防治：生物工程防治主要指转基因育种，通过基因定向转移实现基因重组，使作物具备抗病虫害、抗除草剂、高产、优质等特定性状。其特点是防治效果高、对非靶标生物安全、附着效果小、残留量小、副作用小、可用资源丰富等。主要应用于棉花、玉米、大豆等作物（图70）。

图70　转基因抗虫棉花

6. 科学用药 科学用药包括使用生物农药防治、化学农药防控和实施植保专业化统防统治。

（1）生物农药防治：生物农药是指利用生物活体或其代谢产物对农业有害生物进行杀灭或控制的一类非化学合成的农药制剂，或者是通过仿生合成具有特异作用的农药制剂。生物农药尚无十分准确的统一界定，随着科学技术的发展，其范畴在不断扩大。在我国农业生产实际应用中，生物农药一般主要泛指可以进行工业化生产的植物源农药、微生物源农药、生物化学农药等。

生物农药防治是指利用生物农药进行防控有害生物的发生和为害的方法。生物农药的优点是来源于自然界天然生成的有效成分，与人工合成的化学农药相比，具有可完全降解、无残留污染的优点，但生物农药的施用技术度高，不当保存和施用时期、施用方法都可能会制约生物农药的药效。另外，生物农药生产成本高，货价期短、速效性差，通常在病虫害发生早期，及时正确施用才可以取得较好的防治效果。主要用于果蔬、茶叶、水稻、玉米、小麦、花生、大豆等经济及粮食作物上病虫害的防治（图71）。

图71 生物农药

1）植物源农药。植物源农药指从一些特定的植物中提取的具有杀虫、灭菌活性的成分或植物本身按活性结构合成的化合物及衍生物，经过一定的工艺制成的农药。植物源农药的有效成分复杂，通常不是单一的化合物，而是植物有机体的全部或一部分有机物质，一般包含在生物碱、糖苷、有毒蛋白质、挥发性香精油、单宁、树脂、有机酸、酯、酮、萜等各类物质中。植物源农药可分为植物毒素、植物内源激素、植物源昆虫激素、拒食剂、引诱剂、驱避剂、绝育剂、增效剂、植物防卫素、植物精油等。植物源农药来源于自然，能在自然界中降解，对环境及农产品、人畜相对安全，对天敌伤害小，害虫不易产生抗性，具有低毒、低残留的优点，但不易合成或合成成本高，药效发挥慢，采集加工限制因素多，不易标准化。植物源农药一般为水剂，受阳光或微生物的作用活性成分易分解。常用的植物源农药有效成分主要有大蒜素、乙蒜素、印楝素、鱼藤酮、除虫菊素、蛇床子素、藜芦碱、烟碱、小檗碱、苦参碱、核苷酸、苦皮藤素、丁子香酚等。

2）微生物源农药。微生物源农药指利用微生物或其代谢产物来防治农作物有害生物及促进作物生长的一类农药。它包括以菌治虫、以菌治菌、以菌除草、病毒治虫等。微生物农药主要有活体微生物农药和农用抗生素两大类。其主要特点是选择性强，防效较持久、稳定，对人畜、农作物和自然环境安全，不伤害天敌，不易产生抗性。但微生物农药剂型单一、生产工艺落后，产品的理化指标和有效成分含量不稳定。常用的微生物农药主要有苏云金杆菌、蜡质芽孢杆菌、枯草芽孢杆菌、淡紫拟青霉、多黏类芽孢杆菌、木霉菌、荧光假单胞杆菌、短稳杆菌、白僵菌、绿僵菌、颗粒体病毒、核型多角体病毒、质型多角体病毒、蟑螂病毒、微孢子虫、线虫等。

3）生物化学农药。生物化学农药指通过调节或干扰害虫或植物的行为，达到控制害虫目的的一类农药。其主要特点是用量少、活性高、环境友好。生物化学农药常分为生物化学类和农用抗生素类两种。常用生物化学类包括昆虫信息素、昆虫生长激素、植物生长调节剂、昆虫生长调节剂等，主要有油菜素内酯、赤霉酸、吲哚乙酸、乙烯利、诱抗素、三十烷醇、灭幼脲、杀铃脲、虫酰肼、腐殖酸、诱虫烯、性诱剂等，抗生素类主要有阿维菌素、甲氨基阿维菌素苯甲酸盐、井冈霉素、嘧啶核苷类抗生素、春雷霉素、申嗪霉素、多抗霉素、多杀霉素、硫酸链霉素、宁南霉素、氨基寡糖素等。

（2）化学农药防控：化学农药防控是指利用化学药剂防治有害生物的一种防治技术。主要是通过开发适宜的农药品种，并加工成适当的剂型，利用适当的机械和方法处理作物植株、种子、土壤等，直接杀死有害生物或阻止其侵染为害。农药剂型不同，使用方法也不同，常用方法有喷雾、喷粉、撒施、冲施（泼浇）、灌根（喷淋）、拌种（包衣）、浸种（蘸根）、毒土、毒饵、熏蒸、涂抹、滴心、输液等（图

72～图 80）。

图 72　种子包衣拌种

图 73　BT 颗粒剂去心防治玉米螟

图 74　土壤处理

图 75　喷雾防治

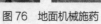

图 76　地面机械施药

图 77 药液灌根

图 78 撒施毒土

图 79 烟雾机防治

图 80 林木输液

化学农药是一类特殊的化学品，常指化学合成农药（有时也将矿物源农药归类于化学农药），根据其作用可分为杀虫剂、杀菌剂、杀螨剂、杀线虫剂、除草剂、灭鼠剂、植物生长调节剂等不同种类。化学农药防治农业病虫等有害生物，其优点是使用方法简便、起效快、效果好、种类多、成本低，受地域性或季节性限制少，可满足各种防治需要。但不合理使用化学农药带来的负面效应明显，在杀死有害生物的同时，易杀死有益生物，导致有害生物再猖獗，化学农药容易引起人畜中毒和农作物药害，易使病虫产生抗药性，农药残留造成环境污染等（图81、图82）。

化学防治是当前国内外广泛应用的防治措施，在病虫害等有害生物防治中占有重要地位，化学农药作为防控病虫害的重要手段，也是实施绿色防控必不可少的技术措施。在绿色防控中，利用化学农药防控有害生物，既要充分发挥其在农业生产中的保护作用，又要尽量减少和防止出现副作用。化学农药对环境残留为害是不可避免的，但可以通过科学合理使用化学农药加以控制，确保操作人员安全、作物安全、农产品消费者安全、环境与其他非靶标生物的安全，将农药的残留影响降到环境允许的最低限度。

1）优先使用生物农药或环境友好型农药。绿色防控强调尽量使用农业措施、物理以及生态措施来减少农药的使用，但是在必须使用农药时，一定要优先使用生物农药及安全、高效、低毒、低残留的环境友好型农药的新品种、新剂型、新制剂。

图81　作物药害

图 82 农药包装废弃物

2）对症施药。在使用农药时，必须先了解农药的性能和防治对象的特点。病虫害等有害生物的种类繁多，不同的有害生物发生时期、为害部位、防治指标、使用药剂、防控技术等均不相同。农药的品种及产品类型也很多，不同种类的农药，防治对象和使用范围、施用剂量、使用方法等也不相同，即使同一种药剂，由于制剂类型、规格不同，使用方法、施用剂量也不一样。应针对需要防治的对象，尽量选用最合适、最有效、对天敌杀伤力最小的农药品种和使用方法。

3）适期用药。化学防治的过早或过迟施药，都可能造成防治效果不理想，起不到保护作物免受病虫为害的作用。在防治时，要根据田间调查结果，在病虫害达到防治指标后进行施药防治，未达到防治指标的田块暂不必进行防治。在施药时，要根据有害生物发生规律、作物生育期和农药特性，以及考虑田间天敌状况，尽可能避开天敌对农药的敏感时期用药，选择保护性的施药方式，既能消灭病虫害又能保护天敌。

4）有效低量无污染。化学农药的防治效果不是药剂的使用量越多越好，也不是药剂的浓度越大越好，随意增加农药的用量、浓度和使用次数，不仅增加成本而且还容易造成药害，加重农产品和环境的污染，还会造成病虫的抗药性。严格掌握施药剂量、时间、次数和方法，按照农药标签推荐的用量与范围使用，药液的浓度、施药面积准确，施药均匀细致，以充分发挥药剂的效能。根据病虫害发生规律适当选择施药时间，根据药剂残效期和气候条件确定喷药次数，根据病虫害发生规律、为害部位、产品说明选择施药方法。废弃的农药包装必须统一集中处理，切忌乱扔于田间地头，以免造成环境污染与人畜中毒。

5）交替轮换用药。长期施用一种或相同类型的农药品种防治某种病虫害，易使该病有害生物产生抗（耐）药性，降低防治效果。防治相同的病虫害要交替轮换使用几种不同作用机制、不同类型的农药，防止病虫害对药剂产生抗（耐）性。

6）严格按安全间隔期用药。农药使用安全间隔期是指最后一次施药至放牧、采收、使用、消耗作物前的时期，自施药后到残留量降到最大允许残留量所需间隔时间。因农药特性、降解速度不同，不同农药或同一种农药施用在不同作物上的安全间隔期也有所不同。绿色防控的主要目标就是要避免农药残留超标，保障农产品质量安全。在使用农药时，一定要看清农药标签标明的使用安全间隔期和每季最多用药次数，不得随意增加施药次数和施药量，在农药使用安全间隔期过后再采收，以防止农产品中农药残留超标（图83）。

图83　农药标签上标注的使用安全间隔期

7）合理混用。农药的合理混用，可以提高防治效果，延缓病虫产生抗药性，减少用药量，减少施药次数，从而降低劳动成本。如果混配不合理，轻则药效下降，重则产生药害。混用农药有一定的原则要求，选用不同毒杀机制、不同作用方式、不同类型的农药混用，选择作用于不同虫态、不同防控对象的农药混用，将具有不同时效性的农药混用，将农药与增效剂、叶面肥等混用。混用的农药种类原则上不宜超过 3 种，而且，酸碱性不同的农药不能混用，具有交互抗性的农药不能混用，生物农药与杀菌剂不能混用。农药混用必须确保药剂混合后，有效成分间不发生化学变化，不改变药剂的物理性状，不能出现浮油、絮结、沉淀、变色或发热、气泡等现象，不能增加对人畜的毒性和作物的伤害，能增效或能增加防治对象。配制混用药液时，要按照药剂溶于水由难到易的先后次序加入水中，如微肥、水溶肥、可湿性粉剂、水分散粒剂、悬浮剂、微乳剂、水乳剂、水剂、乳油，最好采用二次稀释的配药方法，每加入一种即充分搅拌混匀，然后再加入下一种。无论混配什么药剂，药液都要现配现用，不宜久放或贮存。

（3）实施植保专业化统防统治：植保专业化统防统治是新时期农作物病虫害防治方式和方法的一种创新，它是通过培育具备一定植保专业技术条件的服务组织，采用现代装备和技术，开展社会化、规模化、集约化的农作物病虫害防治服务，旨在提高病虫害防治的效果、效率和效益。植保专业化统防统治技术集成度高、装备比较先进，实行农药统购、统供、统配和统施，规范田间作业行为，实现信息化管理。与传统防治方式相比，专业化统防统治具有防控效果好、作业效率高、农药利用率高、生产安全性高、劳动强度低、防治成本低等优势。

发展植保专业化统防统治，是适应病虫害等有害生物发生规律、有效解决农民防病治虫难的必然要求，是提高重大病虫防控效果、控制病虫害暴发成灾，保障农业生产安全的关键措施，是降低农药使用风险、保障农产品质量安全和农业生态环境安全的有效途径，是提高农业组织化程度、转变农业生产经营方式的重要举措。植保专业化统防统治作为新型服务业，既是植保公共服务体系向基层的有效延伸，也是提高病虫害防控组织化程度的有效载体，有利于促进传统的分散防治方式向规模化和集约化统防统治转变。

在发展绿色农业、有机农业、精准农业、数字农业技术的新形势下，依靠科技进步，依托植保专业化服务组织、新型农业经营主体，利用植保无人机、大型自走式喷杆喷雾机等先进植保机械，集中连片整体推进农作物病虫害植保专业化统防统治，大力推广高效低毒低残留农药、新剂型、新助剂和生物农药以及智能高效施药机械，加快转变病虫害防控方式，构建资源节约型、环境友好型病虫害可持续治理技术体系，做到精准施药，实现农药减量控害（图84、图85）。

图84　统防统治

图85　植保专业化统防统治作业

第二部分　水稻病害识别及绿色防控

一、 稻 瘟 病

分布与为害

　　稻瘟病又称稻热病、火烧瘟、稻颈瘟，是水稻主要病害之一，各稻区都有发生，尤其以穗颈瘟对产量影响最大，只要条件适宜，容易流行成灾。流行年份一般减产10%~20%，严重的减产40%~50%，甚至颗粒无收（图1、图2）。

图1　水稻叶瘟田间严重为害　　　　图2　水稻穗颈瘟田间严重为害

症状特征

　　水稻整个生育阶段皆可发生，主要为害叶片、茎秆、穗部，根据水稻生育期或发病部位不同可分为：

　　（1）苗瘟：在水稻幼苗期发生，一般指三叶期以前，病原菌侵染幼苗基部，出现灰黑色水渍状病斑，使幼苗卷缩枯死（图3）。

（2）叶瘟：发生在三叶期以后秧苗和成株叶片上。开始时，叶上只能看到针头大小的褐色斑点（图4），这种斑点扩大很快，最后形成不同类型的病斑，主要有慢性型、急性型、白点型和褐点型4种，其中以前两种最为常见。典型的慢性型病斑呈纺锤形或菱形，红褐色至灰白色，沿叶脉向两端延伸有褐色坏死线（图5），在气候潮湿时，病斑背面产生灰绿色霉层。后期多个病斑融合形成不规则大斑，使全叶枯死（图6~图8）。急性型病斑近圆形或不规则形，暗绿色，病斑正背面密生灰绿色霉层，遇适温、高湿条件可迅速蔓延（图9）。田间急性型病斑的出现是稻瘟病大发生的预兆。

（3）穗颈瘟：发生在穗颈、穗轴及枝梗上，发生早时形成穗颈瘟，发病部位成段变褐坏死，穗颈、穗轴易折断，导致小穗不实或秕谷，重者形成全白穗（图10~图13），与螟虫为害相似。发生迟时形成枝梗瘟、谷粒瘟（图14~图16）。

图3　苗瘟田块

图4　水稻叶瘟病侵染初期

图5　水稻叶瘟病慢性型病斑

图6　水稻叶瘟病后期不规则大斑

图 7　水稻叶瘟病大田发病中心

图 8　水稻叶瘟病大田普发

图 9　带灰绿色霉层的水稻叶瘟急性型不规则病斑

图 10　水稻穗颈瘟穗颈部坏死

图 11　水稻穗颈瘟穗部折断

图 12　水稻穗颈瘟秕谷

此外，发生在水稻茎节上的稻瘟病称节瘟（图17），发生在叶枕上的称叶枕瘟。

图 13　水稻穗颈瘟枯白穗　　　图 14　水稻谷粒瘟初期　　　图 15　水稻谷粒瘟稻谷
　　　　　　　　　　　　　　　　　　　　　　　　　　　　　　　　　　上病斑

图 16　水稻谷粒瘟大田普发　　　　　图 17　水稻节瘟

发生规律

　　病菌主要在病谷、病稻草上越冬，翌年春天，病菌侵染秧苗造成苗瘟，通过气流或移栽等途径传播，侵染大田造成叶瘟和穗瘟。只要条件适宜，病菌可以多次再侵染，以致病害迅速扩展流行。

　　稻瘟病的发生与水稻品种、气候条件和肥水管理关系密切。品种之间抗性差异较大，同一品种因不同生育期抗性亦有异，苗期（四叶期）、分蘖盛期、抽穗初期为易感期，成株期抗性高于苗期。气温20~30 ℃，相对湿度达90%以上时，有利于稻瘟病发生，抽穗破口期天气条件对穗颈瘟发生程度影响极大。感病品种的大面积种植、破口期到齐穗期连续阴雨3天以上、偏施或迟施氮肥有利于稻瘟病的发生与流行。

绿色防控技术

要贯彻"预防为主、综合防治"的植物保护方针，突出稻瘟病防控的重点区域，采取"加强稻瘟病预警监测，以农业防治为主，科学合理适时用药"的办法，即实施以种植抗病良种为主体，搞好栽培管理为基础，及时挑治苗瘟、叶瘟发病中心，狠治流行区穗颈瘟，着重抓好破口期、齐穗期等关键时期的施药防治为基础的综合治理策略。

1.农业措施

（1）选用抗病品种：因地制宜地选用适合本地种植的抗病、高产水稻品种，并注意合理搭配与适时更替，不要大面积连年种植单一品种，是防控稻瘟病最经济有效的措施。根据国家和部分省市品种审定委员会公布的数据，相对来说抗性较好的品种有冈优5330、9优418、C两优华占、晶两优花占、晶两优534、国稻6号、津粳253、津稻263、苏秀10号、新稻18、新稻25、大粮203、宛粳096、洛稻998、郑旱10号、润农旱粳1号等。

（2）种子消毒，减少菌源：由于稻瘟病的初侵染源是带病稻草和带病种子，因此播种无病稻种，秧田期以前彻底处理完病稻草，可以有效预防稻瘟病初侵染和病害流行。实行种子消毒，可选用20%三环唑1 000倍液，或25%咪鲜胺2 000倍液，或强氯精1 000倍液等药剂浸种，浸后催芽、播种（图18）。

（3）加强肥水管理：水稻施肥原则是"控氮、减磷""增钾、补硅微"。施足基肥，多施有机肥，磷、钾合理搭配，追施氮肥时，要适时适量，防止过多、偏迟，有条件的地方可施硅肥，后期看苗补肥。高湿条件有利于稻瘟菌孢子的形成、萌发和侵染，水分管理对稻瘟病发生流行具有重要作用。要科学灌水，做到"前浅、中晒、后湿润"，在生长前期，采取浅水勤灌，分蘖末期适时晒田，抽穗后干干湿湿直到成熟，避免长期冷水深灌。

2.生物防治　主要使用生物农药，每亩可用2%春雷霉素水剂100 mL，或1 000亿活芽孢/g枯草芽孢杆菌20~30 g，或20亿孢子/g蜡质芽孢杆菌150~200 g，或10%多抗霉素可湿性粉剂1 000倍液等生物药剂，兑水均匀喷雾。

3.科学用药　选择具有保护及治疗作用较强的新型药剂进行预防和治疗，同时要注意药剂合理混用及合理轮换使用。

（1）带药移栽：在稻瘟病的老病区和感病品种种植区，于移栽前3~5天，每亩用75%三环唑40~50 g对秧苗喷雾作送嫁药，可有效控制叶瘟（图19）。

（2）苗瘟、叶瘟防治：发现发病中心或急性病斑时，要立即施药防治，控制发病中心，防止病害扩散蔓延或暴发流行。可每亩用75%三环唑可湿性粉剂30 g，或75%肟菌·戊唑醇水分散粒剂15 g，或40%稻瘟灵乳油100 mL，或20%邦克瘟（多菌灵·井冈霉素·三环唑）悬浮剂50~100 g等药剂，兑水50~60 kg均匀喷雾。以上药剂交替使用，重病田须5~7天后再防治1次。

（3）穗瘟防治：穗瘟对产量影响较大，预防穗瘟要着重在抽穗期对水稻进行保护，破口期和齐穗期是防治关键时期。一般在水稻破口始穗期施第一次药，在齐穗期再补施第二次药。对前期苗瘟、叶瘟发病田，可每亩用75%三环唑可湿性粉剂20 g加40%稻瘟灵乳油100 mL，其他田块可每亩用75%三环唑可湿性粉剂20 g，或75%肟菌·戊唑醇水分散粒剂15 g，或20%邦克瘟悬浮剂50~100 g等药剂，兑水50~60 kg均匀喷雾。喷药后8h内遇雨，应及时进行补喷，要做到均匀喷药，不要漏喷或重喷。

图18　药剂浸种

图19　移栽前喷药

二、 水稻纹枯病

分布与为害

　　水稻纹枯病又称"花脚秆""云纹病"，是稻区的一种常发重要病害。稻株受害后，一般会导致秕谷率增加，千粒重降低，严重时可导致"冒穿"、倒伏、枯白穗（图1）。一般减产10%~20%，严重时可减产50%以上（图2）。

图1　水稻纹枯病造成枯白穗

图2　水稻纹枯病严重发生

症状特征

　　该病的典型症状是在叶鞘和叶片上形成"云纹状"病斑（图3），后期病部产生鼠粪状菌核。主要为害水稻叶鞘，叶片次之。病害初发时，先在靠近水面的叶鞘上出现灰绿色、水渍状、边缘不清楚的小斑（图4），逐渐扩大，长达数厘米（图5）；病斑可相互连接成不规则的云纹状大斑（图6），似开水烫伤状；发病严重时，病斑向病株上部叶鞘、叶片发展（图7），可导致叶鞘干枯（图8），上部叶片也随之

图3 水稻纹枯病叶鞘部云纹状病斑

图4 水稻纹枯病初期水渍状病斑

图5 水稻纹枯病叶鞘病斑

图6 水稻纹枯病植株基部云纹状病斑

图7 水稻纹枯病侵染中上部叶片

图8 水稻纹枯病后期叶鞘干枯

发黄、枯死（图9）；严重时可达剑叶、稻穗和谷粒，导致穗小粒少（图10），有时形成单株白穗（图11），甚至全株枯死。湿度低时，病斑边缘暗褐色，中央草黄色至灰白色。在阴雨多湿条件下，病斑处会长出白色蛛丝状的菌丝体，匍匐于病斑表面或攀缘于邻近稻株之间，菌丝体集结成白色绒球状菌丝团，最后形成鼠粪状菌核；菌核深褐色，易脱落（图12、图13）。高温条件下病斑上产生一层白色粉霉层，即病菌的担子和担孢子。

图9　水稻纹枯病后期　　　　图10　水稻纹枯病侵染穗位　　　图11　水稻纹枯病后期单株
　　病叶发黄、枯死　　　　　　　叶影响灌浆　　　　　　　　白穗

图12　水稻纹枯病菌核前期　　　　图13　水稻纹枯病菌核后期（叶鞘上）

发生规律

　　水稻纹枯病自苗期至穗期均可发病，一般在分蘖盛期开始发生，拔节期病情发展加快，孕穗期前后是发病高峰，乳熟期病情下降。病菌主要以菌核在土壤里越冬，也能以菌丝体和菌核在稻草和其他寄主残体上越冬。春季，漂浮在水面的菌核萌发形成菌丝，侵入叶鞘形成病斑，从病斑上再长出菌丝向附近和上部蔓延，再侵入形成新病斑，

水稻一生中可进行多次再侵染。落入水中的菌核，可借水流传播。

该病属高温高湿型病害。适宜范围内，湿度越大，发病越重，田间小气候湿度为80%时，病害受到抑制，71%以下时病害停止发展；气温18~34℃都可发病，以22~28℃最适，因此，夏秋气温偏高，雨水偏多，有利于病害发生发展。田间菌源量与发病初期病害轻重有密切关系，历年重病区、老稻区、田间越冬菌核大时，易导致初期发病较多。水稻栽插密度过大，稻田偏施、迟施氮肥，连续灌深水、连年重茬种植有利于病害发生。粳稻品种一般较感病，籼型杂交稻比较耐病。

绿色防控技术

在加强肥水管理、合理密植的基础上，适时提前施药防治。

1. 农业措施

（1）清除菌源：在秧田或本田翻耕、灌水、耙平时，大多数菌核浮在水面，混杂在浪渣中，飘到田角和田边，可将浪渣打捞带出田外深埋，以减少菌源。此外，病稻草不能还田，用稻草垫栏的肥料必须充分腐熟后方可使用，同时应注意铲除田边杂草。

（2）选用抗病品种：我国水稻品种对纹枯病的抗性普遍较差，达到中抗至抗病的品种极少。通过实践研究可知，当前籼稻植株蜡质保护层较厚，硅化物质较多，实际抗病性稍好，粳稻次之，糯稻实际抗病性最差。在相同的种植环境中，早熟品种的抗病性较低，迟熟品种的抗病能力较好。相对来说抗性较好的品种主要有Ⅱ优906、D优68、中籼898、宝农12、水晶3号、冈优5330、新丰2号、郑稻19、新稻10号、获稻008、龙粳7号、宛粳096、五粳519、五粳04136、新粳优1号等。

（3）加强栽培管理：培育壮秧，合理密植，插足基本苗，以增加植株间的通透性，降低田间相对湿度，提高稻株抗病能力，从而达到有效减轻病害发生及防止倒伏的目的。

（4）科学肥水管理：施足基肥，早施追肥，不可偏施氮肥，增施磷钾肥，采用配方施肥技术，使水稻前期不披叶，中期不徒长，后期不贪青。灌水要做到分蘖浅水、够苗露田、晒田促根、肥田重晒、瘦田轻晒、长穗湿润、不早断水、防止早衰，要掌握"前浅、中晒、后湿润"的原则。

（5）稻田养鸭：秧苗移栽成活后，每亩可放养 12 只左右个体较小的麻鸭雏鸭。麻鸭在秧田活动，不仅能吃虫控草，同时鸭子的活动能壮苗、增加通风透光、踩踏有病枯黄老叶等，对水稻纹枯病有很好的预防效果（图 14、图 15）。

图 14　稻鸭共育（1）　　　　　图 15　稻鸭共育（2）

2. 生物防治　主要使用生物农药，井冈霉素与枯草芽孢杆菌或蜡质芽孢杆菌的复配剂如纹曲宁等药剂，持效期比井冈霉素长，可以选用。可每亩用 12% 井冈·蜡芽菌水剂 200~250 mL，或 20 亿孢子 /g 蜡质芽孢杆菌 150~200 g，或 1% 申嗪霉素悬浮剂 70 mL，或 10% 多抗霉素可湿性粉剂 1 000 倍液等生物药剂，兑水均匀喷雾。

3. 科学用药　应在发病后水平扩展初期及时进行，一般从发病率达 15% 的田块进行防治，发病严重时，5~7 天后再用药 1 次。可每亩用 43% 戊唑醇悬浮剂 15~25 mL，或 20% 嘧菌酯水分散粒剂 50~80 g，或 30% 苯醚甲环唑·丙环唑乳油 20 mL，或 25% 三唑酮可湿性粉剂 50 g，或 75% 肟菌·戊唑醇水分散粒剂 10 g，或 24% 噻呋酰胺悬浮剂 20 mL，或 12.5% 烯唑醇可湿性粉剂 20~25 g 等药剂，兑水均匀喷雾，施药时应适当加大用药量，并加足水量粗喷雾，每亩用水量要达到 60 kg 以上，将药液喷施到稻株基部。

三、 水稻条纹叶枯病

分布与为害

水稻条纹叶枯病是由灰飞虱传播的一种病毒病，2000年以来，因受品种抗性等多种因素影响，该病在部分地区偏重发生，具有暴发性、间歇性、迁移性等特点。早期发病，常导致植株死亡。一般地区不防治田块病丛率超过50%，重发地区病丛率超过90%，减产超过50%，甚至绝收（图1）。

图1 水稻条纹叶枯病大田严重为害

症状特征

水稻从苗期至孕穗期都可感病，其中以苗期至分蘖期最易感病。早期发病株先在心叶（苗期）或下一叶（分蘖期）基部出现与叶脉平行的不规则褪绿条斑或黄白色条纹（图2~图5）。不同品种表现不一，糯稻、粳稻和高秆籼稻心叶黄白、柔软、卷曲下垂、呈枯心状（图6）。矮秆籼稻不呈枯心状，出现黄绿相间条纹，分蘖减少，病株提早枯死。感病品种心叶死亡呈枯心，形成枯心苗（图7、图8）。苗期发病，常常导致稻苗枯死。分蘖期发病，病株分蘖减少，先在心叶下一叶基部出现褪绿黄斑，后扩展形成不规则黄白色条斑，老叶不显症，重病株多数整株死亡，病穗畸形或不实（图9~图11）。

图2　水稻条纹叶枯病苗期病叶

图3　水稻条纹叶枯病病叶条斑

图4　水稻条纹叶枯病褪绿条斑

图5　水稻条纹叶枯病田间病叶

图 6 水稻条纹叶枯病病株

图 7 水稻条纹叶枯病病株（枯心苗）

图 8 水稻条纹叶枯病病株与健株比较

图 9 水稻条纹叶枯病成丛发生

图 10 水稻条纹叶枯病成片为害

图 11 水稻条纹叶枯病后期穗畸形

发生规律

病毒主要由灰飞虱传播，灰飞虱可持久和经卵传毒。病毒在带毒灰飞虱体内越冬，成为主要初侵染源。在小麦田越冬的若虫，羽化后在原麦田繁殖，迁入早稻秧田或本田传毒为害，再迁入晚稻田为害，水稻收获后，迁回麦田越冬。水稻条纹叶枯病的流行主要与传毒媒介灰飞虱的虫量、带毒率、品种抗性及水稻感病生育期与灰飞虱传毒高峰期的吻合程度等因素密切相关，灰飞虱带毒率高，虫量大，感病品种种植面积大，发病重。

田间病害规律一般表现为：早播田重于迟播田，孤立秧田重于连片秧田，麦套稻重于其他类型栽培方式，稻田周围杂草丛生病害发生重。

绿色防控技术

防治策略为"治虫防病"。采取切断毒源、治秧田保大田、治前期保后期的综合防治措施。

1. 农业措施

（1）调整稻田耕作制度和作物布局：成片种植，防止灰飞虱在不同季节、不同熟期和早、晚季作物间迁移传病。重发地区应压缩早播早栽面积，推迟水稻播栽期，使水稻秧苗期尽量避开第1代灰飞虱的迁入高峰。早稻、单季稻苗床应远离麦田，双季晚稻苗床应远离发病较重的稻田。

（2）推广种植抗（耐）病品种：因地制宜选用郑稻19、新稻25、南粳46、南粳9108、大粮207、津粳253、津稻263、中国91、徐稻2号、宿辐2号、盐粳20等抗性较好的品种。

（3）调整播期，移栽期避开灰飞虱迁飞期：收割麦子和早稻要背向秧田和大田稻苗，减少灰飞虱迁飞。加强管理，促进分蘖。冬前和冬后全面防除田间地头和渠沟边禾本科杂草，可减少灰飞虱的发生量和带毒率。秋季水稻收获后，耕翻灭茬，压低灰飞虱越冬基数，减少初始传毒媒介。

2.理化诱控　推广防虫网、无纺布覆盖育秧，结合秧田或大田周围设置诱虫板等物理防治措施，防止灰飞虱迁入传毒为害（图12、图13）。

图12　防虫网覆盖育秧　　　　　图13　无纺布覆盖育秧

3.生物防治　灰飞虱寄生性和捕食性天敌种类较多，除寄生蜂、黑肩绿盲蝽、瓢虫等外，蜘蛛、线虫、菌类对其发生也有很大的抑制作用。保护利用好天敌，对控制灰飞虱的发生为害能起到明显的效果。

4.科学用药　"控虫防病"是预防和控制水稻条纹叶枯病的关键措施，在灰飞虱的防治上要采取"治麦田保秧田、治秧田保大田、治大田前期保大田后期"的防治策略，做到全程控制。

农药选择上坚持速效药剂与长效药剂相结合，尤其是秧田成虫防治，使用异丙威、敌敌畏等速效性较好的药剂与吡虫啉、噻嗪酮等长效药剂相结合，提高防治效果。要注意交替使用药剂，延缓灰飞虱产生抗药性。开展药剂拌种，用48%毒死蜱长效缓释剂、20%毒·辛乳油，按种子量的0.1%拌种，防效可达50%以上。秧田、大田防治可每亩用10%吡虫啉可湿性粉剂20~30 g，或25%噻嗪酮可湿性粉剂20~30 g，或50%吡蚜酮可湿性粉剂15~20 g，或5%烯啶虫胺可溶性粉剂15~20 g，或25%噻虫嗪水分散剂2~5 g，或20%异丙威（叶蝉散）乳油150~200 mL，或80%敌敌畏乳油200~250 mL等药剂。当田间初见病株时，可在施药时每亩加入50%氯溴异氰尿酸可溶性粉剂27~35 g，或2%宁南霉素水剂4~6 g，或20%吗啉胍·乙铜可湿性粉剂24~30 g，或0.5%菇类蛋白多糖水剂0.5~0.6 g等抗病毒药剂。

四、 稻曲病

分布与为害

稻曲病俗称丰收果、青粉病、谷花病，是水稻穗期的重要病害。近年来，发生呈加重趋势，已发展成为水稻后期重要病害之一，一般病穗率 1%~5%（图1），严重者可达 50% 以上（图2、图3）。稻穗

图1 稻曲病发病中心

图2 稻曲病大田为害状

图3 稻曲病大田严重
为害状后期

图4 后期污染稻谷

图5 混杂在稻谷中的病粒

发病后，不仅秕谷率、青米粒和碎米率增加，结实率和千粒重降低，影响水稻产量，而且因病原菌附着在稻米上污染谷粒，含有毒素，会严重影响品质（图4、图5）。

症状特征

病菌主要在水稻抽穗扬花期侵入，灌浆后显症，为害穗部谷粒。初见颖合缝处露出淡黄绿色块状物，逐渐膨大，最后包裹全颖，形成比正常谷粒大3~4倍的菌球；最初球菌外围有一层灰色膜（图6），表面平滑，颜色逐渐变为黄绿色或墨绿色（图7~图9），后开裂，散出墨绿色或深墨色粉末即病菌的厚垣孢子（图10~图12）。

图6　病原菌孢子初期形成外围灰色膜

图7　孢膜破裂露出黄色厚垣孢子

图8　稻曲病黄色菌块

图9　稻曲病黄色菌块近观

图 10 稻曲病后期墨   图 11 稻曲病后期墨绿色   图 12 单株稻曲病严
绿色菌块   菌块近观   发生后期

发生规律

　　病原菌以厚垣孢子或菌核在土壤中或病粒上越冬，翌年夏秋之间，产生的分生孢子与子囊孢子可借气流传播，侵害花器和幼颖。该病是一种典型的气候性病害，水稻抽穗前后，适温、多雨天气会诱发并加重病害发生。偏施氮肥、植株生长嫩绿、长期深灌也会加重发病。水稻不同品种间的抗病性存在明显差异，一般情况下，粳稻比籼稻感病，杂交稻比常规稻感病，两系杂交组合重于三系杂交组合，生育期长的品种发病重于生育期短的品种，晚熟、秆矮、穗大、叶片较宽而角度小、耐肥抗倒伏和适宜密植、颖壳表面粗糙无茸毛、着粒密度大的品种发病重；反之，发病轻。

绿色防控技术

　　坚持以种植抗耐病品种为基础，抓好抽穗扬花期喷药预防为关键。

1. 农业措施

　　（1）选用抗病品种：目前市场上抗稻曲病的品种较少，不同品种间对稻曲病的抗性不同，同一品种在不同种植区域抗性也表现不同。相对来说抗性较好的品种有汕优 45、汕优 36、临稻 6 号、洛稻 998、广二 104、选 271、扬稻 3 号、汕窄 8 号、滇粳 40 号、京稻选 1 号、沈农 514、丰锦、辽粳 10 号等。

（2）减少菌源：发病时摘除并销毁病粒。水稻收割后深耕翻埋菌核。播种前注意清除病残体及田间菌源。

（3）加强栽培管理：合理密植，保持足够的通风透光度，可以降低稻曲病发病率。合理施肥，施足基肥，增施农家肥，防止迟施、偏施氮肥，配施磷、钾肥，慎用穗肥，适量施用硅肥微肥。特别注意稻田干湿度，浅水勤灌，扬花期要适当降低水量，水稻破口期更要注意田块的干湿度，提高水稻抗病毒能力。

（4）稻种消毒：根据稻曲病毒素容易附着在稻种表面的特性，在稻谷播种前，一定要对稻种进行适度紫外线高温或太阳紫外线杀菌处理，或者是用药剂消毒浸种，药剂可以选用强氯精消毒浸种，也可以选用石灰和多菌灵，或用 50% 甲基托布津可湿性粉剂 500 倍液浸种 24 h，然后捞出催芽、播种。

2. 生物防治　主要使用生物农药，可每亩用 12.5% 井冈·蜡芽菌水剂 300 mL，或 10% 井冈·枯草芽孢杆菌可湿性粉剂 100~120 g，或 20 亿孢子 /g 蜡质芽孢杆菌 150~200 g，或 10 亿孢子 /g 枯草芽孢杆菌可湿性粉剂 75~100 g，或 20% 井冈霉素可湿性粉剂 70~100 g 等生物药剂，兑水均匀喷雾。

3. 科学用药　对该病的防治务必要做到提前预防，施药的关键时期是水稻孕穗后期（破口前 5~7 天），在抽穗期遇阴雨天气时，在水稻破口中期（破口 50% 左右）再施药一次。齐穗期以后防效较差，可每亩用 30% 苯醚甲环唑·丙环唑乳油 20 mL，或 25% 嘧菌酯悬浮剂 40 mL，或 75% 肟菌·戊唑醇水分散粒剂 10 g，或 12.5% 氟环唑悬浮剂 6~7.5 mL 等药剂，兑水 50 kg 均匀喷雾。也可结合防治穗颈瘟混合用药。

五、 水稻恶苗病

分布与为害

水稻恶苗病又称徒长病，豫南和沿黄稻区均有发生，是一种常见病害。在推广浸种等种子消毒措施后，病害大为减轻，近年来，受多种因素影响，该病有回升趋势。一般发病田块病株率在3%以下，少数发病重的可达40%以上，减产率可达10%~40%（图1）。苗床上如果恶苗病株率超过10%时，则导致整块秧田不能使用（图2）。

图1 恶苗病后期重病田影响抽穗

图2 恶苗病秧田为害状

症状特征

从秧苗期至抽穗期均可发生，一般分蘖期发生最多。

（1）苗期发病：发病苗比健苗纤细、瘦弱、叶鞘细长，比健苗高1/3左右，叶色淡黄、较窄，根系发育不良，即典型的徒长型（图3、

图 4）。部分病苗在移栽前死亡，在枯死苗上有淡红色或白色粉状物，即病原菌的分生孢子。

（2）本田发病：有徒长型、普通型和早穗型三种类型，以徒长型最为常见。徒长型典型症状为节间明显伸长，明显高于正常植株约 1/3（图 5），节部常有弯曲露于叶鞘外，下部茎节倒生（向上）多数不定须根（图 6~ 图 9），分蘖少或不分蘖。剥开叶鞘，茎秆上有暗褐色条斑，剖开病茎可见白色蛛丝状菌丝，之后植株逐渐枯死。湿度大时，枯死病株表面长满淡褐色或白色粉霉状物，后期生黑色小点即病菌子囊壳。

图 3　恶苗病秧田单个病株

图 4　健株与病株比较（右为病株）

图 5　恶苗病田间徒长株

图 6　恶苗病导致的茎节不定根（初期）

稻株发病轻时提早抽穗，但穗小、粒少、子粒不实。抽穗期谷粒也可受害色，严重的变褐色，不能结实，颖壳夹缝处生淡红色霉，感病轻的仅在谷粒基部或尖端变为褐色，或不表现症状，但谷粒内部有菌丝潜伏。

图7 恶苗病茎节倒生不定根　　图8 恶苗病茎节倒生不定根（后期）　　图9 恶苗病严重发生时茎节不定根

发生规律

以带菌种子传播为主，带菌种子和病稻草是水稻恶苗病发生的初侵染源，在秧田、本田可以多次再侵染。病菌主要以分生孢子附着在种子表面或以菌丝体潜伏于种子内部越冬，潜伏在稻草内的菌丝体和稻草上生长的子囊壳也可越冬。

浸种时带菌种子上的分生孢子可污染无病种子。发病严重的引起苗枯，死苗上产生分生孢子，传播到健苗上，引起再侵染。带菌稻秧定植后，菌丝体遇适宜条件可扩展到整株，刺激茎叶徒长。花期病菌传播到花器上，侵入颖片和胚乳内，造成秕谷或畸形，在颖片合缝处产生淡红色粉霉。病菌侵入晚，谷粒虽不显症状，但菌丝已侵入内部使种子带菌，脱粒时与病种子混收，会使健种子带菌。

伤口有利于病菌侵入；旱育秧较水育秧发病重；增施氮肥刺激病害发展。施用未腐熟有机肥、氮肥过多过迟田块发病重，晚播发病相对较重。

绿色防控技术

水稻恶苗病是一种种子侵染、系统发病、全株表现的病害，发生后基本没有办法防治。应重点抓好种子处理措施，培育无病壮苗，才能有效地控制水稻恶苗病的发生为害。

1. 农业措施

（1）水稻恶苗病主要的初侵染源是带菌种子：首先要建立无病留种田，做好苗床土壤处理，选栽抗病品种，避免种植感病品种。

（2）加强栽培管理：播种前催芽时间不宜过长，否则下种时植株易受创伤，利于病原菌侵入；移栽拔秧要尽可能避免损根，做到"五不插"，即不插隔夜秧，不插老龄秧，不插深泥秧，不插冷水浸的秧；插秧时避免高温天气和中午，不插烈日秧，高温是恶苗病发生的最适宜条件。

（3）恶苗病病株细高，比正常苗高 1/3 以上，无论是在秧田还是大田里，很容易发现和辨别，应及时拔除病株，清除病残体，集中烧毁处理。病稻草收获后不能做种子催芽的覆盖物，也不能堆放在田边地头、随便乱扔或做捆扎秧把，可做燃料或高温沤制堆肥。

2. 科学用药

浸种等种子处理是预防该病最关键的措施。稻种在消毒处理前，要在晴天晒种 1~3 天，晒种可以提高种子发芽率和发芽整齐度。晒种后再选种，然后浸种，早、晚稻和杂交水稻因品种不同和选用药剂不同，浸种时要严格按照规定的剂量浓度和浸种时间操作。可用 50% 多菌灵、35% 噁霉灵、80% 强氯精、25% 咪鲜胺、25% 氰烯菌酯等，杂交稻种子浸种 24 h，常规稻种子浸种 48 h，再用清水浸泡。用 3% 的生石灰水澄清液浸种，25 ℃时需浸泡 48 h，避免直射光，液面要高出种子 10~15 cm，并保持静止状态，以利于种子吸收药液。

六、 水稻胡麻斑病

分布与为害

水稻胡麻斑病是水稻上一种常发病害，在因缺肥、缺水引起水稻生长不良时发生较重，叶片受害造成叶枯，穗部受害导致千粒重下降及空秕粒增多，影响产量和米质（图1、图2）。

图1　水稻胡麻斑病大田为害症状　　　　图2　水稻胡麻斑病严重发生后期

症状特征

从秧苗期至收获期均可发病，稻株地上部均可受害，以叶片为多。多为椭圆病斑，如胡麻粒大小（图3），暗褐色，有时病斑扩大连片，呈条形。病斑多时秧苗枯死。成株叶片染病，初为褐色小点，渐扩大为椭圆斑，如芝麻粒大小，病斑中央褐色至灰白色，边缘褐色，周围有深浅不同的黄色晕圈，严重时连成不规则大斑（图4~图7）。叶鞘上染病，病斑初为椭圆形，暗褐色，边缘淡褐色，水渍状，后变为中心灰褐色的不规则大斑。穗颈和枝梗发病，受害部暗褐色，造成穗枯。谷粒染病，早期受害的谷粒灰黑色扩至全粒造成秕谷。后期受害病斑小，边缘不明显。

图3　水稻胡麻斑病单个病斑

图4　水稻胡麻斑病病叶

图5　水稻胡麻斑病
　　　发病中心

图6　水稻胡麻斑病点片
　　　发生前期

图7　水稻胡麻斑病后期

发生规律

　　病菌以分生孢子或菌丝体附着在稻种或稻草上越冬，成为翌年初侵染源。播种后谷粒上的病菌可直接侵害幼苗。稻草上越冬的分生孢子，或由越冬菌丝产生的分生孢子，都可随风扩散，引起秧田和本田的侵染。在当年病组织上产生的分生孢子可再次侵染，不断扩大为害。

　　该病的发生与土质、肥水管理和品种抗性密切相关。酸性土壤、沙质土、薄地、缺磷少钾时发病，长期积水、根部受伤等都可诱发该病害。高温高湿、日照不足、有雾露存在时发病重。沿黄稻区多在抽穗前后易感病。

绿色防控技术

以农业防治为主，注重加强肥水管理和深耕改土，必要时辅以药剂防治。

1. 农业措施

（1）深耕灭茬，压低菌源。病稻草要及时处理销毁（图8）。

（2）选择无病稻种或进行种子消毒（图9）。

（3）增施腐熟堆肥做基肥，及时追肥，增施磷钾肥，特别是钾肥的施用可提高植株抗病力。酸性土注意排水，适当施用石灰。要浅灌勤灌，既要防止过分缺水而造成土壤干旱，又要避免长期水淹造成通气不良。

2. 科学用药　药剂防治参见"稻瘟病"，也可采用50%菌核净、50%霜·霉等药剂于抽穗期至乳熟期喷雾，保护剑叶、穗颈和谷粒不受侵染。

图8　深耕灭茬　　　　　　　图9　药剂浸种消毒

七、　水稻白叶枯病

分布与为害

　　水稻白叶枯病是一种细菌性病害，俗称白叶瘟、过火风等，是我国水稻三大传统病害之一，在各水稻产区均有不同程度发生为害。该病暴发性强，传播速度快，为害重，产量损失大。水稻受害后叶片干枯，瘪谷增多，米质松脆，千粒重降低，一般减产20%~30%，严重者达50%以上，甚至绝收（图1、图2）。

图1　水稻白叶枯病大田症状

图2　水稻白叶枯病大田后期症状

症状特征

　　水稻整个生育期均可受害，苗期、分蘖期受害最重，各个器官均可染病，叶片最易染病，叶片呈枯白色。成株期常见的典型症状有叶缘型（叶枯型）、急性型（青枯型）、凋萎型、中脉型和黄化型等。急性型、凋萎型症状的出现预示白叶枯病将严重发生。

（1）叶缘型（叶枯型）：是一种慢性症状，先从叶缘或叶尖开始发病，出现暗绿色水浸状短线病斑，病斑沿叶缘坏死，呈倒"V"形，最后粳稻上的病斑变灰白色，籼稻上为橙黄色或黄褐色。病健部界线明显，呈直线状（籼稻品种或感病品种），在粳稻或抗病品种上病斑边缘呈不规则波纹状（图3、图4）。湿度大时，病部有黄色菌脓溢出，干燥时形成菌胶（图5）。

（2）急性型（青枯型）：是一种急性症状，发生在环境适宜或感病品种上。植株感病后，尤其是茎基部或根部受伤后感病，叶片呈现失水青枯暗绿色，迅速扩展，后病部变青灰色或灰绿色，叶片迅速失水，边缘皱缩或卷曲青枯，病健部没有明显的病斑边缘，往往是全叶青枯（图6、图7）。

图3 水稻白叶枯病叶枯型病叶

图4 水稻白叶枯病田间发病中心

图5 水稻白叶枯病病叶溢出菌脓症状

图6 水稻白叶枯病急性型大田症状

图7 水稻白叶枯病急性型病株

发生规律

未腐烂的带病稻草和带病杂草是主要的侵染源。带病种子可远距离传播，也是新病区的主要初侵染源，老病区则以病稻草为主要侵染源。病菌主要在带菌谷种和病株残体上越冬。病菌随流水传播，从叶片的水孔、伤口或茎基和根部的伤口侵入，在维管束中大量繁殖后，从叶面的水孔大量溢出菌脓，菌脓遇水溶散，借风雨露滴或流水传播，形成再侵染，致使病害传播蔓延，以致流行。

品种、栽培制度、灌溉水是构成该病害流行的主要条件，病种、病草是祸根，串灌、漫灌易传播病菌。稻田长期积水、氮肥过多、生长过旺，有利于病害发生。持续适温（20~30 ℃）、阴雨、寡照天气有利于病害流行。

绿色防控技术

防治白叶枯病必须以采用抗病良种为基础，杜绝病菌来源为前提，秧苗防治为关键，肥水管理为重点，在初发病期施药防治为辅助的综合措施。

1. 植物检疫 禁止随意调运种子，不要从病区引种，引种时要严格进行种子检疫。

2. 农业措施

（1）选用抗病品种：推广种植抗病良种是防治白叶枯病最有效的措施。在白叶枯病发病流行区，要因地制宜地选育推广抗（耐）病品种，及时淘汰高感品种，加强品种轮换，避免单一品种长期种植，导致品种抗性的退化和丧失，引发病害的流行。从品种类型看，一般糯稻抗性最强，粳稻次之，籼稻最弱。抗性较好的品种有扬两优 6 号、盐粳 2 号、新粳优 1 号、洛稻 998、南粳 46、扬粳 805、华安 2 号、中9A838、皖稻 44、金两优 36、特优 813、优优 128 等。

（2）开展种子消毒：种子带菌是白叶枯病发生传播的主要途径之一。种子消毒可选用 85% 三氯异氰尿酸（强氯精）300~500 倍液，或45% 代森铵水剂 500 倍液，或 25% 咪鲜胺 600 倍液等，浸种 12~24 h，浸种后洗净再催芽播种。

（3）清除病残体：白叶枯病可以在稻种、稻草和稻桩上越冬，老病区以病稻草传病为主。水稻收获后，病稻草、病稻桩以及田边杂草应及时清除，不能直接还田。不用病稻草覆盖秧苗，不用病稻草捆秧，以防病菌传入秧田，带入大田。对带病田块，可深耕灭茬，有条件的可实行水旱轮作，以降低菌源。

（4）培育无病壮秧：秧田应选择地势高，无病，排灌方便，远离稻草堆、打谷场和晒场地，连作晚稻秧田还应远离早稻病田。在秧田期要防止淹水，切勿串灌、灌深水。

（5）加强肥水管理：健全排灌系统，实行排灌分家，不准串灌、漫灌，严防涝害。在施肥方面，要配方施肥，施足底肥，多施有机肥和磷钾肥，避免偏施、迟施氮肥，防止贪青徒长，使禾苗稳生稳长，壮而不过旺、绿而不贪青。在水的管控方面，要平整田地，避免低洼积水；要浅水勤灌，适时适度晒田，防止串灌、漫灌，注意及时排涝。

3. 科学用药 加强田间病情监测，做到"早预防、早发现、早防治"，坚持发现一点治一片，发现一片治全田的原则，封锁或铲除发病株和发病中心，防止扩大蔓延。秧田在秧苗 3 叶期及拔秧前 3~5 天用药；大田在水稻分蘖期及孕穗期的初发阶段，气候有利于发病时，特别是出现病斑时，应立即施药防治。药剂可每亩用 20% 噻菌铜悬浮剂（龙克菌）100~120 g，或 20% 噻唑锌悬浮剂 120 mL，或 20% 叶枯唑（叶青双）可湿性粉剂 100 g，或 20% 噻森铜悬浮剂 120~130 g，或 50% 氯溴异氰尿酸可溶性粉剂 40~60 g 等药剂，兑水喷雾防治，同时混入硫酸链霉素或农用链霉素 4 000 倍液或强氯精 2 500 倍液，以提高防效。老病区在暴风雨来临前后，对病田或感病品种立即全面喷药 1 次，特别是洪涝盐水的田块，用药次数根据病情发展情况和气候条件决定，一般间隔 7~10 天后再施药 1 次，可取得较好的防治效果。

八、　水稻黑条矮缩病

分布与为害

水稻黑条矮缩病以往主要在江苏、浙江等省发生，河南稻区极少见，2013 年，开封市发现该病为害。在开封县、顺河区等稻田，病田率可达 3%~40%，一般病丛率为 5%~30%，严重地块病丛率达 90%以上，由于发生严重，个别稻田甚至绝收（图 1）。

图 1-1　水稻黑条矮缩病大田为害状

症状特征

该病主要症状表现为病株矮缩、叶色深绿，叶片短阔、僵直（图 2、图 3）；由于韧皮部细胞增生，在叶背、叶鞘和茎秆表面沿叶脉出现短条瘤状不规则隆起，早期为蜡白色，后变黑褐色，病株根系发育较差，穗小、结实不良，甚至不抽穗。

不同生育期染病后的症状略有差异，苗期发病：叶生长缓慢，叶片短宽、僵直、浓绿，叶脉有不规则蜡白色瘤状突起，后变黑褐色，根短小，植株矮小，不抽穗，常提早枯死（图 4）；分蘗期发病：新生分蘗先显症，主茎和早期分蘗尚能抽出短小病穗，但病穗缩藏于叶鞘内；拔节期发病：剑叶短阔，穗颈短缩，结实率低，叶背和茎秆上有短条状瘤突。

图2　水稻黑条矮缩病矮　　　图3　水稻黑条矮缩病病株、健株比较　　　图4　水稻黑条矮缩病提
　　　缩病株　　　　　　　　　　　　　　　　　　　　　　　　　　　　　　　　　　　枯死

发生规律

　　该病是一种病毒病，传毒介体有灰飞虱、白背飞虱等，以灰飞虱（图5）传毒为主，介体一经染毒，终身带毒，但不经卵传毒。病毒主要在大麦、小麦病株上越冬，也可在灰飞虱体内越冬。田间病毒通过麦——早稻——晚稻的途径完成侵染循环。第一代灰飞虱在病麦上接毒后传到早稻、单季稻、晚稻和青玉米上。稻田中繁殖的二、三代灰飞虱，在水稻病株上吸毒后，迁入晚稻和秋玉米上，晚稻上繁殖的灰飞虱成虫和越冬代若虫又传给大麦、小麦。

图5　灰飞虱

　　晚稻早播比迟播发病重，幼嫩稻苗发病重。大麦、小麦发病轻重、毒源多少，决定了水稻发病程度。

绿色防控技术

　　由于该病属于病毒性病害，一旦发生，很难防治，因此以预防为主，在秧苗期抓好预防，实行防飞虱、抗病毒两手抓的防治措施。

1. 农业措施

（1）因地制宜选用抗（耐）病良种。

（2）适当增加用种量，增加单位面积上的秧苗数，可减少秧苗感染黑条矮缩病的概率。采用机械插秧、麦后稻直播等轻型栽培技术措施，连片种植，并同时移栽，以减少带毒灰飞虱传毒的机会。

（3）在播种前及时清除秧田及四周的禾本科杂草，压低虫源、毒源。

（4）分蘖期间田间保持 3~5 cm 的浅水层，切忌大水淹没心叶，大雨过后注意排水，切忌田间长期积水；对发病株率较低，生长不良的中、轻度发病田块，每亩增施 7.5~10 kg 尿素，以促进分蘖，坚持少量多次的施肥原则；为了促进水稻的分蘖生长，在根系发育不良，吸收能力降低的情况下，叶面喷施芸薹素内酯加磷酸二氢钾。每 3~5 天喷施一次，连喷 2~3 次。

2. 阻断育秧　推广防虫网、无纺布覆盖育秧，防止灰飞虱迁入传毒为害（图 6）。

3. 生物防治　灰飞虱寄生性和捕食性天敌种类较多，除寄生蜂、黑肩绿盲蝽、瓢虫等外，蜘蛛、线虫、菌类对其发生也有很大的抑制作用。保护利用好天敌，对控制灰飞虱的发生为害能起到明显的效果。

4. 科学用药　做好种子药剂处理。使用25%使百克乳油消毒种子，或 2.5% 咪鲜·吡虫啉悬浮种衣剂按药种比 1：（40~50）的比例为种子包衣，或每千克干种子拌 10% 吡虫啉可湿性粉剂 15~20 g，直接与种子拌匀，待药液充分吸收后再播种，或在浸种时加入吡虫啉等内吸性药剂。

做好秧田周围麦田及四周杂草上的灰飞虱防治，可在越冬代二、三龄若虫盛发时喷洒药剂防治（图7、图8）。

图6　防虫网育秧

图7　防治越冬代灰飞虱

移栽前喷洒送嫁药（图9）。

用药参考水稻条纹叶枯病。

图8　麦田网捕灰飞虱

图9　喷施送嫁药

九、　南方水稻黑条矮缩病

分布与为害

　　南方水稻黑条矮缩病毒是由我国首先发现鉴定和命名的为害农作物的病毒新种，其传毒介体主要是白背飞虱（图1、图2）。目前该病主要分布于华南、西南和江南的大部分稻区，水稻苗期、分蘖前期感染发病的基本绝收，拔节期和孕穗期发病，产量因侵染时期先后造成损失在10%~30%（图3）。

图1　白背飞虱长翅成虫

图2　白背飞虱短翅成虫

图3　南方水稻黑条矮缩病大田为害状

症状特征

该病主要症状表现为：分蘖增加，叶片短阔、僵直，植株矮缩，叶色深绿，叶背的叶脉和茎秆上出现乳白色或蜡白色条状，后变为褐色的短条瘤状隆起，高位分蘖及茎节部倒生须根，不抽穗或穗小，结实不良，剑叶或上部叶片可见凹凸的皱折，一蔸中有1根或几根稻株比健株矮1/3左右，半全穗。不同生育期染病后的症状略有差异。苗期发病，心叶生长缓慢，叶片短宽、僵直、浓绿，叶脉有不规则蜡白色瘤状突起（图4），后变黑褐色。根短小（图5），植株矮小（图6），不抽穗，常提早枯死。分蘖期发病，新生分蘖先显症，主茎和早期分蘖尚能抽出短小病穗（图7、图8），但病穗缩藏于叶鞘内。拔节期发病，剑叶短阔，穗颈短缩，结实率低。

图4　南方水稻黑条矮缩病茎秆蜡
　　　白色瘤状突起

图5　南方水稻黑条矮缩病根系褐化
　　　不发达
　　　（左：健株，右：感病株）

发生规律

传播介体为迁飞性害虫白背飞虱，介体可终身带毒，成虫、若虫都能传毒。水稻种子不带毒。水稻各生育期均可感病，2~7叶期最易感病。除水稻外，玉米、稗草、水莎草、白草等也是南方水稻黑条矮缩病病毒的寄主。该病害的主要初侵染源是外地迁入的带毒白背飞虱。带毒白背飞虱取食早稻或杂草等传毒，迁入带毒白背飞虱或本地白背

图7 南方水稻黑条矮缩病拔节后期病株

图6 南方水稻黑条矮缩病水稻
分蘖期病株矮缩

图8 南方水稻黑条矮缩病穗部感病株 -
抽穗不完全旗叶基部皱褶

飞虱取食带毒寄主，再传毒至中稻、晚稻秧田及本田。随着病毒分布范围的扩大，发病会逐年加重；中晚稻发病重于早稻；育秧移栽田发病重于直播田；杂交稻发病重于常规稻；田块间发病程度差异显著，发病轻重取决于带毒白背飞虱迁入量；病害普遍分布，但仅部分地区严重发生；尚未发现有明显抗病性的水稻品种。

绿色防控技术

应采取切断毒链、治虫防病、治秧田保大田、治前期保后期的综合防控策略。抓住秧苗期和本田初期关键时期，实施科学防控。

1.农业措施

（1）清除杂草：用除草剂或人工清除的办法对秧田及大田边的杂草进行清除，减少飞虱的寄主和毒源。

（2）及时拔除病株：对发病秧田要及时剔除病株，并集中埋入泥中，移栽时适当增加基本苗。对大田发病率 2%~20% 的田块要及时拔除病株（丛），并就地踩入泥中深埋，然后从健丛中掰蘖补苗。对重病田要及时翻耕改种，以减少损失。

（3）阻断育秧：推广防虫网、无纺布覆盖育秧，结合秧田或大田周围设置诱虫板等物理防治措施，防止灰飞虱迁入传毒为害。

2. 生物防治

灰飞虱寄生性和捕食性天敌种类较多，除寄生蜂、黑肩绿盲蝽、瓢虫等外，蜘蛛、线虫、菌类对其发生也有很大的抑制作用。保护利用好天敌，对控制灰飞虱的发生为害能起到明显的效果。

3. 科学用药

（1）药液浸种或拌种：用 10% 吡虫啉可湿性粉剂 300~500 倍液，浸种 12 h，或在种子催芽露白后用 10% 吡虫啉可湿性粉剂 15~20 g/kg 拌种，待药液充分吸收后播种，减轻稻飞虱在秧田前期的传毒。

（2）药剂防治：该病害通过飞虱传毒为害，因此要适时喷施速效对路杀虫剂，压低虫口数量，降低病害流行风险。主要抓好以下两个时期的防治工作，一是秧田期：秧苗稻叶开始展开至拔秧前 3 天，酌情喷施"送嫁药"。二是本田期：水稻移栽后 15~20 天，药剂可每亩用 25% 吡蚜酮可湿性粉剂 16~24 g，或 10% 吡虫啉可湿性粉剂 40~60 g，或 25% 噻嗪酮可湿性粉剂 50 g 等药剂，兑水 40~50 kg 均匀喷雾。

十、 水稻谷枯病

分布与为害

　　水稻谷枯病又称水稻颖枯病、谷粒病，是各稻区常见的病害之一。发病早的可使稻株不能结实；发生迟的则影响谷粒灌浆充实，千粒重明显降低。该病在我国以南方稻区较为多见。发病较轻的仍可结实，但米质差，容易破碎；发病重的形成秕粒，使受害水稻产量及品质下降。一般减产 10%~20%，严重时可减产 20% 以上（图 1）。

图 1　水稻谷枯病初期症状

症状特征

　　该病主要为害水稻的颖。水稻抽穗后 2~3 周为害幼颖较重，初在颖壳顶端或侧面出现小斑，渐发展为边缘不清晰的椭圆斑，后病斑融合为不规则大斑，扩展到谷粒大部或全部（图 2、图 3）。后变为枯白色，其上散生许多小黑点，即病菌分生孢子器。谷粒被害较早的花器被毁或形成秕谷。乳熟后受害，米粒变小，质变松脆，质量轻，品质下降，接近成熟时受害，仅在谷粒上有褐色小点，对产量影响不大。

图2　水稻谷枯病后期症状　　　　图3　水稻收获时谷枯病症状

发生规律

　　水稻谷枯病病菌以分生孢子器在稻谷上越冬，翌年释放出分生孢子借风雨传播，水稻抽穗后，侵害花器和幼颖。花期遇暴风雨，稻穗相互摩擦，造成伤口，有利于病菌侵入。偏施、过施或迟施氮肥，植株贪青，成熟延迟，也会增加侵害机会。一般倒伏田地面温湿度高，有利于病菌孢子发芽侵入，病粒增多。冷水灌溉的田块，发病也较多。

绿色防控技术

1.农业措施

　　（1）带病秕谷用于高温沤制堆肥。

　　（2）加强肥水管理，合理施肥，避免偏施、迟施氮肥，增施磷、钾肥，适时适度晒田，改造冷水田。

2.科学用药

　　（1）种子处理：选用无病种子，进行种子消毒，是防治该病简单而有效的方法。浸种药剂可选用20%三环唑1 000倍液，或25%咪鲜胺2 000倍液，或强氯精1 000倍液等药剂浸种，浸后催芽、播种。

　　（2）穗期防治：结合防穗颈瘟抓好穗期前后喷药预防，在始穗和齐穗期各喷药1次，必要时在灌浆乳熟前加喷1次。药剂防治参见"稻瘟病"。

十一、稻苗疫霉病

分布与为害

稻苗疫霉病属真菌病害，主要分布在长江流域水稻产区。

症状特征

该病属局部侵染性病害，主要为害秧苗叶片。染病叶片起初出现黄白色圆形小斑点，接着迅速发展成灰绿色水渍状条斑，之后病斑急剧扩大，病叶纵卷倒折。湿度大时病斑上形成白色稀疏的霉层，后变成灰白色（图1、图2）。染病植株矮缩，叶片淡绿色，呈斑驳花叶，斑点黄白色，圆形或椭圆形，排列不规则。孕穗后病株矮缩更为明显，分蘖增多，叶色浓绿，常造成稻苗中、下部叶局部枯死，严重时整叶或整株死亡。

图1 稻苗疫霉病病稻叶

图2 稻苗疫霉病病叶上白色霉层

发生规律

稻苗疫霉病病菌以卵孢子在土壤中越冬，翌年在有水存在的条件下萌发，产生游动孢子侵染为害。饱和湿度条件下病斑上才能产生孢囊梗，孢子囊产生需有水滴或水膜存在。受侵染秧苗在饱和湿度下形成典型病斑，相对湿度 60%~90% 时只产生淡褐色小斑。发病适宜温度 16~21 ℃，气温超过 25 ℃病害受抑。阴雨连绵天气有助于发病，三叶期前后秧苗最易感病。秧田水深或深灌有利于发病，串灌病害易于流行。播种过密、秧苗弱易发病。偏施氮肥发病重。

绿色防控技术

1.农业措施

（1）采用肥床旱育，切断病菌传播途径。

（2）选择地势较高、土质好的田块作秧田，发病育秧田不宜再育秧。

（3）加强肥水管理，要浅水勤灌，防止串灌，适当增施磷、钾肥，提高抗病力。

2.科学用药　秧苗期勤检查，初见发病即用药防治。可每亩用 72.25% 霜霉威（普力克）水剂 800 倍液，或 64% 杀毒矾可湿性粉剂 600 倍液等药剂，兑水均匀喷雾。

十二、　水稻叶鞘腐败病

分布与为害

　　水稻叶鞘腐败病又名鞘腐病，是一种真菌病害。该病在长江流域及其以南稻区发生较多，尤以中稻及晚稻后期发生较为严重。杂交稻及其制种田发生普遍。病株秕谷率增加，千粒重下降，若出现枯孕穗，产量损失可达20%以上。

症状特征

　　该病在秧苗期至抽穗期均可发病，幼苗染病后叶鞘上生褐色病斑，边缘不明显。分蘖期染病叶鞘上或叶片中脉上初生针头大小的深褐色小点，向上、向下扩展后形成菱形深褐色斑，边缘浅褐色。叶片与叶脉交界处多生褐色大片病斑。孕穗至抽穗期染病，剑叶叶鞘先发病且受害严重，叶鞘上生褐色至暗褐色不规则病斑，中间色浅，边缘黑褐色，较清晰，严重的显虎斑纹状病斑，向整个叶鞘上扩展，致叶鞘和幼穗腐烂（图1）。湿度大时病斑内外出现白色至粉红色霉状物，即病原菌的子实体。

图1　水稻鞘腐病病稻株

发生规律

初次侵染源来自带菌的水稻种子及病残体，大田杂草及水稻病株是再次侵染的来源。稻飞虱、螟虫、细螨等对病菌的传播起着重要作用。侵染方式分3种。一是种子带菌的，种子发芽后病菌从生长点侵入，随稻苗生长而扩展，有系统侵染的特点。二是从伤口侵入。三是从气孔、水孔等自然孔口侵入。发病后病部形成分生孢子借气流传播，进行再侵染。病菌侵入和在体内扩展最适温度为30 ℃，低温条件下水稻抽穗慢，病菌侵入机会多，高温时病菌侵染率低，但病菌在体内扩展快，发病重。生产上氮磷钾比例失调，尤其是氮肥过量、过迟或缺磷及田间缺肥时发病重。早稻及易倒伏品种发病也重。水稻穗期因螟害、病毒感染或其他外界因子致使抽穗缓慢，病害加剧。水稻出穗速度慢或包穗的品种发病重。此外，水稻齿叶矮缩病也能诱发典型的叶鞘腐败病。

绿色防控技术

1. 农业措施

（1）选用抗病优质水稻品种，如浙辐862、原丰早、二九丰、四梅四号、沪南早、加湖5号、农试4号等抗病品种。

（2）合理施肥，采用配方施肥技术，避免偏施、过施氮肥，做到分期施肥，防止后期脱肥、早衰。沙性土要适当增施钾肥。

（3）积水田要开深沟，防止积水，一般田要浅水勤灌，适时洇田，使水稻生育健壮，提高抗病能力。

2. 科学用药

（1）种子药剂处理：浸种处理可选用40%多菌灵胶悬剂500倍液，浸种48 h，捞出洗净、催芽、播种；或40%禾枯灵可湿性粉剂250倍液浸种24 h，捞出洗净、催芽、播种。

（2）田间防治：防虫控病，及时防治稻飞虱、螟虫等以避免害虫造成伤口而诱发病害。田间喷药结合防治稻瘟病可兼治本病。药剂可每亩用20%三唑酮乳油70~90 mL，或40%禾枯灵可湿性粉剂60~70 g，或30%苯甲·丙环唑1 500~3 000倍液，或43%戊唑醇悬浮剂2 000~3 000倍液等药剂，兑水60 kg均匀喷雾，在水稻孕穗期至齐穗期喷雾1~2次。

十三、 稻粒黑粉病

分布与为害

　　稻粒黑粉病又称黑穗病、稻墨黑穗病、乌米谷等，是一种真菌病害。该病主要分布在我国长江流域及以南地区。自20世纪70年代中期推广杂交稻以来，发病加剧，尤以杂交稻制种田受害更重，一般年份病粒率5%~20%，重病年可高达40%~60%，严重影响制种的产量和种子品质。

症状特征

　　水稻受害后，穗部病粒少则数粒，多则十数粒至数十粒，病谷米粒全部或部分被破坏，变成青黑色粉末状物即病原菌的冬孢子（图1）。症状分为三种类型：①谷粒不变色，在外颖背线近护颖处开裂，长出赤红色或白色舌状物（病粒的胚及胚乳部分），常黏附散出的黑色粉末；②谷粒不变色，在内外颖间开裂，露出圆锥形黑色角状物，破裂后，散出黑色粉末，黏附在开颖部分；③谷粒变暗绿色，内外颖间不开裂，籽粒不充实，与青粒相似，有的变为焦黄色，手捏有松软感，用水浸泡病粒，谷粒变黑。

发生规律

　　病菌以厚垣孢子在种子内和土壤中越冬。种子带菌随播种进入稻田和土壤，带菌种子是主要菌源。翌年萌发产生担孢子。担孢子萌发产生菌丝或次生担孢子，次生担孢子再生菌丝。孢子借气流传播，在

图1 稻粒黑粉病病穗

扬花灌浆期侵入花器为害。水稻扬花灌浆期遇高温、阴雨天气，以及偏施或迟施氮肥，水稻倒伏，会加重该病发生。

绿色防控技术

1. 农业措施

（1）选用抗病优质水稻品种及无病种子，不在稻田留种。种谷经过精选后，可用药剂消毒处理（方法同"稻瘟病"）。

（2）水稻实行水旱轮作，可减少土壤病菌积累。

（3）加强肥水管理，多施有机肥和磷、钾肥，防止迟施、偏施氮肥。合理灌溉，适时晒田，后期干湿交替，控制田间湿度，以减轻发病。

2. 科学用药 药剂防治的重点是在穗期喷药控制，或在始花期、盛花期和灌浆期各用药剂防治1次。可每亩用20%三唑酮乳油80 mL，或17%三唑醇可湿性粉剂100 g，或12.5%烯唑醇可湿性粉剂70 g等药剂，分别在始穗前5~7 d、抽穗5%~10%、齐穗扬花期5 d左右，各施药一次。

十四、水稻干尖线虫病

分布与为害

水稻干尖线虫病，又称白尖病、线虫枯死病。在国内各稻区均有发生，一般减产 10%~20%，严重者达 30% 以上。受害稻株植株矮小，病穗较小，秕粒多，多不孕，穗直立（图 1）。除水稻外，还为害粟、狗尾草等 35 个属的高等植物。

图 1　水稻干尖线虫病大田为害状

症状特征

水稻整个生育期均可受害。主要为害叶片与穗部。该病苗期症状不明显，偶在 4~5 片真叶时叶尖出现灰白色干枯，扭曲干尖（图 2）。病株孕穗后干尖更严重，剑叶或其下 2~3 叶尖端 1~8 cm 渐枯黄，半透明，扭曲干尖，变为灰白色或淡褐色，病健部界限明显（图 3）。湿度大有雾露存在时，干尖叶片展平呈半透明水渍状，随风飘动，露干后又复卷曲。有的病株不显症，但稻穗带有线虫，大多数植株能正常抽穗（图 4）。

图2　水稻干尖线虫病病叶

图3　分蘖期感染干尖

图4　穗期感染，叶片尖端扭曲

发生规律

　　水稻感病种子是初侵染源。线虫不侵入稻米粒内。侵入后水稻叶尖形成特有的白化，随后坏死，旗叶卷曲变形，包围花序。花序变小，谷粒减少。水稻干尖线虫以成虫、幼虫在谷粒颖壳中越冬。线虫耐寒冷，但不耐高温。在干燥条件下存活力较强，在干燥稻种内可存活3年左右，浸水条件能存活30天。浸种时，种子内线虫复苏，游离于水中，遇幼芽从芽鞘缝钻入，附于生长点、叶芽及新生嫩叶尖端的细胞外，以吻针刺入细胞吸食汁液，致被害叶形成干尖。线虫在稻株体内生长发育并交配繁殖，随稻株生长，线虫逐渐向上部移动，数量也渐增。在孕穗初期前，越在植株上部的几节叶鞘内，线虫数量越多。到幼穗形成时，则侵入穗部，大量集中于幼穗颖壳内、外部，造成穗粒带虫。线虫在稻株内繁殖1~2代。线虫的远距离传播，主要靠稻种调运或稻壳作为商品包装运输的填充物，而把干尖线虫传到其他地区。
秧田期和本田初期靠灌溉水传播，扩大为害。土壤不能传病。随稻种
调运进行远距离传播。

绿色防控技术

1. 植物检疫 加强检疫，选用无病种子，严格禁止从病区调运种
子。该病仅在局部地区零星为害，实施检疫是防治该病的主要环节。
为防止病区扩大，在调种时必须严格检疫。

2. 农业措施

（1）建立无病种子田，选留无病种子。加强肥水管理，防止串灌、
漫灌，减少线虫随水流行。

（2）温汤浸种：温汤浸种是防治该病的有效方法。先将稻种预
浸于冷水中 24 h，然后放在 45~47 ℃温水中 5 min 提温，再放入 52~
54 ℃温水中浸 10 min，取出立即冷却，催芽播种，防效较好。

3. 科学用药 药剂浸种可用 0.5% 盐酸溶液浸种 72 h，浸种后用
清水冲洗种子 5 次；或用 40% 杀线酯（醋酸乙酯）乳油 500 倍液，浸
50 kg 种子，浸泡 24 h 后再用清水冲洗；或用 15 g 线菌清加水 8 kg，
浸 6 kg 种子，浸种 60 h，然后用清水冲洗再催芽播种。在用线菌清等
浸种过程中，要避免光照，应勤搅动。南方地区因温度较高，可适当
缩短浸种时间。用温汤或药剂浸种时，发芽势有降低的趋势，如直播
易引致烂种或烂秧，故需催好芽。

十五、 水稻旱青立病

水稻旱青立病是水稻生理性病害。

症状特征

病株在孕穗前和健株没有明显的差异。在抽穗时，茎叶突然明显变浓变绿、变粗变硬，抽穗速度较健株慢，有卡口和包颈现象；穗粒枝梗多呈"扫帚丝"状，穗上混生少数健粒，多数颖壳畸形，内外颖尖弯曲，呈鹰钩嘴状，不能正常闭合（图1）；内外颖不在同一平面呈夹角，比例不协调或有外颖无内颖，或反之；颖花丛生，重颖；雌、雄蕊退化，不能正常发育；护颖畸形增大，部分颖花脱化；结实率低，减产严重（图2）。

图 1　水稻旱青立病稻粒　　　　图 2　水稻旱青立病稻穗

发生规律

病因主要是土壤有机质含量低，土壤容易淀浆板结，理化性质差，活性微量元素不足。常见发病田块为沙质土、旱改水、新改造的田块，病株多呈条状或块状分布，与水稻品种无直接关系。

绿色防控技术

该病的防治主要以农业措施为主。

（1）改良土壤，调节土壤团粒结构：增施有机肥，提高土壤有机质含量，降低有毒物质的活性，提高水稻解毒能力。整地时每亩施40~50 kg生石灰降低土壤酸度，既能提高水稻根系活性，又能提高对水肥的吸收能力。

（2）增施含硫元素的肥料：在"旱改水"田块，施基肥时注意减少氮、磷肥的使用量，钾肥宜选用硫酸钾。

（3）调整用水管理方法："旱改水"田块地势往往较高，前期易缺水受旱，应提早（幼穗分化期之前）建立水层，降低土壤中砷化物的浓度，使之提前释放，避免突然在孕穗期建立水层，因为此时水稻对砷化物极其敏感，易中毒不结实。

（4）改变耕作制度：旱地种稻易受旱灾威胁，而且容易造成缺锌和锰、硼、砷中毒。常年发生砷中毒的田块宜改种蔬菜、玉米、甘薯等秋熟作物，不种水稻，趋利避害。

（5）加强栽培管理，巧施底肥和叶面肥：育秧适当稀播壮种，提高秧苗素质，多施有机肥，施足基肥，注意配合施用含锌的微量元素肥料，早施追肥，防止前期"疯长"，后期"脱肥"，做到"够苗搁田"。严防搁田过迟以及加强病虫害防治，提高稻株抗逆性。在水稻破口期、始穗期、齐穗期各喷施一次含磷、钾的叶面肥，可以起到较好的防病、增产效果。

（6）改种粳稻品种：籼稻、糯稻较粳稻发生严重。旱青立病在粳稻中发生较少。

十六、 水稻赤枯病

分布与为害

水稻赤枯病是水稻的一种生理性病害，又称铁锈病，俗称熬苗、坐蔸。

症状特征

该病可分为以下三种类型：

（1）缺钾型赤枯：在分蘖前始现，分蘖末发病明显，病株矮小，生长缓慢，分蘖减少，叶片狭长而软弱披垂，下部叶自叶尖沿叶缘向基部扩展变为黄褐色，并产生赤褐色或暗褐色斑点或条斑。严重时自叶尖向下赤褐色枯死，整株仅有少数新叶为绿色，似火烧状。根系黄褐色，根短而少（图1、图2）。

（2）缺磷型赤枯：多发生于栽秧后3~4周，能自行恢复，孕穗期

图1 缺钾型水稻赤枯病病叶，自叶尖沿叶缘向基部扩展

图2 缺钾型水稻赤枯病病叶，产生赤褐色条斑

又复发。初在下部叶叶尖有褐色小斑，渐向内黄褐色干枯，中肋黄化。根系黄褐色，混有黑根、烂根（图3）。

（3）中毒型赤枯：移栽后返青迟缓，株形矮小，分蘖很少。根系变黑色或深褐色，新根极少，节上续生新根。叶片中肋初黄白化，接着周边黄化，重者叶鞘也黄化，出现赤褐色斑点，叶片自下而上呈赤褐色枯死，严重时整株死亡。

图3 缺磷型水稻赤枯病，叶部中肋黄化

发生规律

缺钾型和缺磷型是生理性的。①稻株缺钾，分蘖盛期表现严重，当钾氮比（K/N）降到 0.5 以下时，叶片出现赤褐色斑点。多发生于土层浅的沙土、红黄壤及漏水田，分蘖时气温低时也影响钾素吸收，造成缺钾型赤枯。②缺磷型赤枯，发生在红黄壤冷水田，一般缺磷，低温时间长，影响根系吸收，发病严重。③中毒型赤枯主要发生在长期浸水、泥层厚、土壤通透性差的水田。如绿肥过量，施用未腐熟有机肥，插秧期气温低，有机质分解慢，以后气温升高，土壤中缺氧，有机质分解产生大量硫化氢、有机酸、二氧化碳、沼气等有毒物质，使苗根扎不稳，随着泥土沉实，稻苗发根分蘖困难，加剧中毒程度。

绿色防控技术

该病的防治主要以农业措施为主。

（1）改良土壤，加深耕作层，增施有机肥，提高土壤肥力，改善土壤团粒结构。

（2）宜早施钾肥，如氯化钾、硫酸钾、草木灰、钾钙肥等。缺磷土壤，应早施、集中施过磷酸钙，每亩 30 kg 或喷施 0.3% 磷酸二氢钾水溶液。忌追肥单施氮肥，否则会加重发病。

（3）改造低洼浸水田，做好排水沟。绿肥做基肥，不宜过量，耕翻不能过迟。施用有机肥一定要腐熟，均匀施用。

（4）早稻要浅灌勤灌，及时耘田，增加土壤通透性。

（5）发病稻田要立即排水，酌施石灰，轻度搁田，促进浮泥沉实，以利于新根早发。

（6）于水稻孕穗期至灌浆期叶面喷施多功能高效液肥万家宝 500~600 倍液，隔 15 天施 1 次。

十七、水稻根结线虫病

分布与为害

水稻根结线虫病为专一性寄生线虫，寄生在水稻和陆稻上。一般发生后减产 10% 左右，严重发生的田块可减产 50% 以上。主要分布在海南、广东、广西、云南等稻区。

症状特征

水稻根结线虫，属线形动物门。雌虫卵圆形至肾形。二龄幼虫、雄虫线形。成熟雌虫乳白色，头颈部细长，其他部分膨大为圆梨状，体后部呈锥形。雌虫尾端卵囊，会阴花纹椭圆形，弓形高度中等，其形态与禾谷根结线虫相似。水稻根尖受害，扭曲变粗，膨大形成根瘤（图 1），根瘤初卵圆形，白色，后发展为长椭圆形，两端稍尖，棕黄色至棕褐色以至黑色，大小为 3 mm×7 mm，渐变软，腐烂，外皮易破裂。幼苗期 1/3 根系出现根瘤时，病苗瘦弱，叶色淡，返青迟缓。分蘖期根瘤数量大增，病株矮小，叶片发黄，茎秆细，根系短，长势弱（图 2）。抽穗期表现为病株矮，穗短而少，常半包穗，或穗节包叶，能抽穗的结实率低，秕谷多。

图1　水稻根尖受害状　　　　图2　水稻植株受害症状

发生规律

该病一般以一、二龄幼虫在根瘤中越冬，翌年二龄侵染幼虫侵入水稻根部，寄生于根皮和中柱间，刺激细胞形成根瘤，幼虫经四次蜕皮变为成虫。雌虫成熟后在根瘤内产卵，在卵内形成一龄幼虫，经一次蜕皮，以二龄幼虫破壳而出，离开根瘤，活动于土壤和水中，侵入新根。

线虫可借水流、肥料、农具及农事活动传播。线虫只侵染新根。酸性土壤、沙质土壤发病重，增施有机肥的肥沃土壤发病重。连作水稻发病重，水旱轮作田发病轻；水田发病重，旱地发病轻。冬季浸水田发病重，翻耕晾晒田发病轻。旱田铲秧比拔秧发病轻。病田增施石灰发病明显减少。

绿色防控技术

1. 农业措施

（1）选用抗病品种；严禁病苗传入无病区。

（2）实行水旱轮作，或与花生、甘薯等旱作物轮作半年以上，通过种植非寄主植物减少虫源，减轻发病，这是最经济而有效的措施。

（3）增施有机肥，在栽植前或栽植返青后，每亩施石灰75~100 kg。

（4）冬季翻耕晒田减少虫量。旱育秧铲秧移植，减少秧苗带虫数。

2. 科学用药 主要以在秧田施用杀线虫剂为宜，每亩施用50%巴丹可湿性粉剂300 g等药剂，拌细土25~30 kg，于播种或插秧前7天施入秧田。因为杀线虫剂毒性都较高，大田不提倡使用。使用时要按高毒农药使用规则操作，注意安全。

十八、 水稻穗腐病

分布与为害

在我国，穗腐病过去仅零星发生，为害较轻，因此没有引起足够重视。近年来，该病在广东、广西、四川、重庆、云南、湖南、湖北、江西、安徽、江苏、浙江、辽宁、黑龙江等省（市、区）的稻区均有发生，且日趋严重，已成为影响水稻高产、稳产和优质生产的重要病害之一。该病主要发生在水稻的穗部，使稻壳的外观发生改变，还会影响水稻的产量与质量，对水稻生产、市场价格影响非常大，发病田一般减产5%~10%，严重的达30%以上，甚至颗粒无收（图1）。水稻穗腐病发生在田间、运输和贮藏过程中，运输和贮藏时还会产生毒素为害人畜健康。

图1　穗腐病大面积发生

症状特征

穗腐病主要发生在抽穗后期，可引起苗枯、茎腐、基腐。小穗受害后出现褐色水渍状病斑，逐渐蔓延至全穗，使病穗枯黄，子粒干瘪、霉烂。病穗与苞叶间充满白色菌丝体，子粒间有时也产生灰白色菌丝体，在贮藏中还能继续发展使整穗干腐。患病稻谷的谷壳上有紫色或褐色大小不一的点，米粒上面没有褐色线。穗腐病与穗枯病（细菌性病害，是入境检疫对象）这两种病害有时难以区别，判别穗腐病一定要剥开谷壳观察米粒上是否有褐色线，没有则是穗腐病（图 2~图 6）。

图 2 早期感染穗腐病

图 3 中期感染穗腐病

图 4 穗腐病病穗和正常穗

图 5 后期穗腐病症状

图6　穗枯病病粒病健分界线明显

发生规律

穗腐病病原菌以镰刀菌为主要侵染源，病原菌的侵染时期一般在水稻破口期至抽穗期的7~10天，症状表现一般在齐穗后4~5天。造成穗腐病的主要原因有三个：

（1）稻椿象取食引起的谷粒变色，或者椿象取食后其口针带入病原真菌或直接由真菌通过伤口侵染造成。

（2）由多种已知或未知的真菌引起。

（3）病菌以菌丝体在病残体如稻桩或种子内越冬或越夏，病原菌最适生长温度为25 ℃，最佳产孢温度为28 ℃，抽穗扬花期的温度较高（27~30 ℃）时，有利于穗腐病的发生为害。最适的pH值为6。靠气流传播进行初侵染，分生孢子靠雨水传播再侵染。

该病的发生、为害、流行规律与气候条件、品种类型、耕作栽培制度、肥水管理（偏施、过施或迟施氮肥），植株贪青成熟延迟的关系十分密切。高温、多雨、多雾和潮湿天气有利于本病的发生，水稻抽穗前后一周是谷粒的最适发病时期。水稻穗腐病可由种子带菌，也可能是空气中飘浮的大量病原菌孢子随风雨飘落到水稻颖壳开口处定殖萌发侵染的。病原菌在病粒上越冬，翌年水稻抽穗时侵入谷粒为害，只侵染花器和幼颖，以抽穗后15~20天最盛。水稻穗腐病发生、流行和为害与水稻品种（组合）有很大关系。一般粳稻、籼/粳杂交稻比籼稻和籼型杂交稻易感病，大穗、紧穗型品种（组合）比穗型松散的易感病，扬花灌浆期长的比短的易感病。

绿色防控技术

1. 农业措施

（1）由于缺乏抗病的水稻品种，防治穗腐病应选用不带菌种子或进行种子处理。选种应尽量选无病田的种子，然后进行消毒处理，方法同"稻瘟病"。

（2）延迟播种。由于穗腐病的最适发病期都在水稻抽穗扬花期前后，所以适当延迟播种可以避免水稻抽穗扬花期与高温高湿天气相遇，从而减轻病害的发生和为害。

（3）合理进行水肥管理。避免偏施、过施、迟施氮肥，增施磷钾。"寸水活棵、中期浅水勤灌、后期干湿交替"是减轻病害发生的有效措施。

（4）及时清除病田间的残留物，减少初侵染源。

2. 科学用药

（1）结合防穗颈瘟抓好抽穗期前后喷药预防。当病症出现时才喷药防治，已错过了最佳防治时期，防治效果很差或几乎无防治效果。因此，在历年发病的地区或田块，须在孕穗后期用药进行第1次保护，视天气情况于抽穗—乳熟期再防治一次。同时须抓住阴雨间隙进行防治，可减轻发病。

（2）药剂选择：防治穗腐病可选用50%多菌灵、70%甲基托布津、45%咪鲜胺、80%代森锰锌、20%三唑酮和春雷霉素等药剂。复配剂中，可选用三唑酮+苯甲·丙环唑（爱苗）、戊唑醇+丙森锌（安泰生）、三环唑+三唑酮、三环唑+多菌灵、三环唑+苯甲·丙环唑（爱苗）和三环唑+甲基托布津等，可根据水稻穗腐病发病轻重选择使用。

十九、 水稻菌核病

分布与为害

水稻菌核病主要是稻小球菌核病和稻小黑菌核病。两病单独或混合发生，又称稻小粒菌核病或秆腐病，它们和稻褐色菌核病、稻球状菌核病、稻灰色菌核病等总称为水稻菌核病或秆腐病。我国各稻区均有发生，但各地优势菌不同，长江流域以南主要是稻小球菌核病和稻小黑菌核病。

症状特征

稻小球菌核病和稻小黑菌核病症状相似，侵害稻株下部叶鞘和茎秆，初在近水面叶鞘上生褐色小斑，后扩展为黑色纵向坏死线及黑色大斑，上生稀薄浅灰色霉层，病鞘内常有菌丝块。稻小黑菌核病不形成菌丝块，黑线也较浅。病斑继续扩展使茎基成段变黑软腐，病部呈灰白色或红褐色并腐朽。剥检茎秆，腔内充满灰白色菌丝和黑褐色小菌核。侵染穗颈，引起穗枯。

稻褐色菌核病在叶鞘上形成椭圆形病斑，边缘褐色，中央灰褐色，病斑常汇合成云纹状大斑，浸水病斑呈污绿色。茎部受害变褐枯死，常不倒，后期在叶鞘及茎秆腔内形成褐色小菌核。

稻球状菌核病使叶鞘变黄枯死，不形成明显病斑，孕穗时发病致幼穗不能抽出。后期在叶鞘组织内形成球形黑色小菌核。

稻灰色菌核病叶鞘受害形成淡红褐色小斑，在剑叶鞘上形成长斑，一般不致水稻倒伏，后期在病斑表面和内部形成灰褐色小粒状菌核（图1）。

图1　水稻菌核病为害症状及菌核

发生规律

发病较重的主要是稻小球菌核病和稻小黑菌核病，主要以菌核在稻桩和稻草或散落于土壤中越冬，成为翌年侵染的主要病源，菌核可存活多年。当整地灌水时菌核浮于水面，黏附于秧苗或叶鞘基部，遇适宜条件（17 ℃）菌核萌发后产生菌丝侵入叶鞘，后在茎秆及叶鞘内形成菌核。有时病斑表面生浅灰色霉层，即病菌分生孢子，分生孢子通过气流或昆虫传播，也可引起再侵染。但主要以病健株接触短距离再侵染为主。菌核数量是翌年发病的主要因素。病菌发育限温11~35 ℃，适温为25~30 ℃。雨日多，日照少有利于菌核病的发生。深灌、排水不好田块发病重，中期烤田过度或后期脱水早或过早发病重。施氮过多、过迟，水稻贪青病重。单季晚稻较早稻发病重。高秆较矮秆抗病，抗病性糯稻＞籼稻＞粳稻。抽穗后易发病，虫害重、伤口多发病重。

绿色防控技术

1.农业措施

（1）种植抗病品种。因地制宜地选用早广2号、汕优4号、IR24、粳稻184、闽晚6号、倒科春、冀粳14号、丹红、桂潮2号、广二104、双菲、珍汕97、珍龙13、红梅早、农虎6号、农红73、生陆矮 8 号、粳稻秀水系统、糯稻祥湖系统、早稻加籼系统等。

（2）减少菌源：病稻草要高温沤制，收割时要齐泥割稻。有条件的实行水旱轮作。插秧前打捞菌核。

（3）加强水肥管理，浅水勤灌，适时晒田，后期灌跑马水，防止断水过早。多施有机肥，增施磷钾肥，特别是钾肥，忌偏施氮肥。

2. 科学用药 在水稻拔节期和孕穗期，可喷施药剂防治，防治一次以孕穗初期为好，防治二次以拔节期和孕穗期各用药一次为好。防治药剂可选用 40% 克瘟散或 40% 富士一号乳油 1 000 倍液，或 5% 井冈霉素水剂 1 000 倍液，或 70% 甲基硫菌灵（甲基托布津）可湿性粉剂 1 000 倍液，或 50% 多菌灵可湿性粉剂 800 倍液，或 50% 速克灵（腐霉剂）可湿性粉剂 1 500 倍液，或 50% 乙烯菌核利（农利灵）可湿性粉剂 1 000~1 500 倍液，或 40% 菌核净可湿性粉剂 1 000 倍液等药剂。注意，药液喷洒在下部叶鞘上，以减轻病害的发生。每隔 5~7 天喷药一次，共喷药 2~3 次。同时加强叶蝉、飞虱、螟虫等的防治工作，减少水稻植株伤口。

第三部分　水稻害虫识别及绿色防控

一、 二 化 螟

分布与为害

　　二化螟属鳞翅目螟蛾科，是我国水稻种植为害最为严重的常发性害虫之一，蛀食水稻茎部，为害分蘖期水稻，造成枯鞘和枯心苗（图1、图2）；为害孕穗期、抽穗期水稻，造成枯孕穗和白穗（图3）；为害灌浆期、乳熟期水稻，造成半枯穗和虫伤株（图4）。被害株田间呈聚集分布，中心明显（图5）。国内各稻区均有分布，较三化螟和大螟分布广，20世纪前主要以长江流域及以南稻区发生较重，近年来，北方稻区发生数量呈明显上升的态势。一般年份减产5%~10%，严重时减产50%以上（图6）。二化螟除为害水稻外，还能为害茭白、玉米、高粱、甘蔗、油菜、蚕豆、麦类以及芦苇、稗、李氏禾等杂草。

图1　水稻二化螟造成的枯鞘

图2　水稻二化螟造成的枯心

图3 水稻二化螟造成的白穗

图4 水稻二化螟造成的虫伤株

图5 水稻二化螟聚集为害状

图6 水稻二化螟大田成片为害状

形态特征

成虫：前翅近长方形，灰黄褐色，翅外缘有7个小黑点（图7）。雌蛾体长12~15 mm，腹部纺锤形，背上有灰白色鳞毛，末端不生丛毛；雄蛾体长10~12 mm，腹部圆筒形，前翅中央有1个灰黑色斑点，下面还有3个灰黑色斑点。

卵：卵块为扁平椭圆形，几十粒至几百粒呈鱼鳞状排列成块，表层覆盖透明的胶质物，初产时呈乳白色，至孵化呈黑褐色（图8、图9）。

幼虫：一般6龄，老熟时体长20~30 mm。初孵化时淡褐色，头淡黄色，2龄以上幼虫在腹部背面有5条棕色纵线，老熟幼虫呈淡褐色

（图10~图14）。

蛹：呈圆筒形，初化蛹时，体由乳白色到米黄色，腹部背面尚存5条明显纵纹，以后随着蛹色逐渐变淡，5条纵纹也逐渐隐没（图15、图16）。

图7　水稻二化螟成虫

图8　水稻二化螟卵块前期

图9　水稻二化螟卵块后期

图10　水稻二化螟越冬幼虫

图11　水稻二化螟蚁螟

图12　水稻二化螟幼虫

图 13　水稻二化螟大龄幼虫

图 14　水稻二化螟集中为害

图 15　水稻二化螟蛹

图 16　稻秆中的水稻二化螟蛹

发生规律

1. 发生世代和发生时期　二化螟在河南 1 年发生 2 ～ 3 代，以 1 代为害为主，属于一代多发型；二代受夏季高温干旱及稻株较老影响，不利于蚁螟侵入存活，发生程度一般较一代轻；二化螟一般二代进入滞育，但由于 8 月气温普遍偏高，近年来部分二代二化螟转化为三代，对迟熟优质稻的为害较重。二化螟在豫南发生情况是：越冬代蛾 4 月下旬始见，5 月中下旬出现盛期；1 代蛾 7 月上旬始见，7 月中下旬出现盛期；2 代蛾 8 月上旬始见，一般无盛期。1 代卵 5 月下旬至 6 月初为盛孵期，2 代卵 7 月下旬为盛孵期。初孵幼虫先侵入叶鞘集中为害，造成枯鞘，到 2 ～ 3 龄后蛀入茎秆，造成枯心、白穗和虫伤株。初孵幼虫在苗期水稻上一般分散或几条幼虫集中为害；在大的稻株上，一般先集中为害，数十条至百余条幼虫集中在一稻株叶鞘内，至三龄后幼虫才转株为害。

2. 影响其发生的因素

（1）虫源场所：以幼虫在稻茬、稻草中及其他寄主植物根茎、茎秆中越冬，越冬幼虫在春季化蛹羽化。有世代重叠现象。不同越冬场所的幼虫化蛹、羽化期有显著差异，往往形成多个蛾高峰。

（2）耕作制度与栽培管理：冬种作物面积大，尤其免耕面积增加，水稻机械收割，有利于二化螟越冬；水稻播栽期提早，有利于水稻二化螟的侵入和成活。二化螟幼虫生命力强，食性广，耐干旱、潮湿和低温等恶劣环境，故越冬死亡率低。

（3）品种：成虫昼伏夜出，趋光性强。一般籼稻比粳稻受害重；特别是杂交水稻，秆粗叶阔，叶色嫩绿，水稻二化螟卵块密度大，为害重。

（4）气候：早春气温高低影响越冬代水稻二化螟发生的迟早，若早春气温回升快，越冬代发生期提早，有效虫源增加；春季雨水偏多，越冬代死亡率提高，有效虫源减少。气温为22～26 ℃、相对湿度为80%～90%时，有利于螟卵孵化；气温在20～30 ℃、相对湿度在70%以上时，有利于幼虫的发育。

（5）天敌：天敌对二化螟的数量增长起到一定抑制作用。卵寄生蜂有稻螟赤眼蜂、螟黄赤眼蜂等；幼虫和蛹则受多种姬蜂、茧蜂的寄生；寄生蝇和线虫对幼虫的寄生率也较高。

绿色防控技术

1. 农业防治

（1）水稻收割后及时翻耕灌水，淹死稻桩内幼虫。春季越冬代螟虫化蛹期统一翻耕冬闲田、绿肥田，灌水10~20 cm，浸没稻桩10天左右，能有效降低虫源基数（图17、图18）。

（2）处理玉米、高粱等寄主茎秆。

（3）选择抗虫品种。

（4）适时插秧，加强田间管理，使水稻生长整齐，卵孵化盛期与

图 17　收割后及时灌水

图 18　深耕灌水灭蛹

水稻分蘖期及孕穗期错开。

（5）避免过量施用氮肥。

（6）人工摘除卵块，拔除枯心株、白穗株。

2. 生态调控　在水稻田周围种植诱集植物香根草，香根草间套种显花植物黄豆或者芝麻（图 19、图 20）。一般 4 月中旬在稻田四周田埂上栽植香根草，要求田埂宽度在 80 cm 以上。栽植前将香根草地上部分剪至 30～40 cm，根系剪至 5～15 cm，每丛间距 80 cm，浅栽，以土覆盖香根草根部即可。过高时进行适度剪割，高度保持在 150 cm 左右。清除杂草，适当浇水促进种苗生长。每相邻两丛香根草间种植黄豆或芝麻。

图 19　种植诱集植物香根草

图 20　香根草黄豆间作

111

3. 理化诱控

（1）灯光诱杀：利用鳞翅目害虫成虫有趋光性的特性，在二化螟大暴发的年份，于成虫羽化高峰期，在田间安装杀虫灯诱杀成虫。一般每 30~50 亩安装 1 盏太阳能杀虫灯，连片使用效果更好（图 21）。每代成虫始盛期开始使用，成虫羽化末期停止使用，每天天黑后开灯。

（2）二化螟性信息素防治：用于群集诱杀二化螟雄成虫或者干扰雄成虫交配。防治类性信息素根据性信息素剂量不同分诱集和迷向两种方式。用于群集诱杀的称为诱芯，和诱捕器配套使用（图 22）；用于交配干扰的称为缓释装置或释放器（迷向）。

图 21　太阳能杀虫灯诱杀　　　图 22　油菜田放置诱捕器诱捕二化螟成虫

性信息素防治要掌握好使用时期，一般在越冬代二化螟羽化初期开始使用效果最好。水稻移栽期前的前作、邻作为绿肥或者油菜田的，应在绿肥田、油菜田使用（图 23）。水稻移栽活棵后，将诱捕器移入。诱捕器放置在距离水稻叶片顶端 10 cm 左右的高度。昆虫性信息素应连片大面积应用，最小使用面积不少于 150 亩。性信息素群体诱集，每亩放置一套诱捕器，并根据田块形状、风向等条件，外围密、中央稀。放置迷向丝（缓释装置、释放器），根据产品说明书使用。

4. 生物防治

（1）释放稻螟赤眼蜂防治：稻螟赤眼蜂是二化螟、稻纵卷叶螟、稻螟蛉、稻苞虫等害虫的重要卵期天敌，对抑制这些害虫的发生数量起着重要的作用。赤眼蜂是卵寄生蜂，只有在害虫卵期时释放才能收到防治效果。因此准确、详细掌握靶标害虫成虫的发生时间、产卵习性及落卵数量及规律是非常重要的。

放蜂时间：要求害虫的产卵期与赤眼蜂的羽化期相吻合，第一次放蜂宜早，应在害虫产卵初期，一般掌握在成虫羽化高峰期放置蜂卡（球）（图24）。

图 23　性信息素诱杀　　　　图 24　放赤眼蜂卵卡

放蜂次数：针对鳞翅目害虫，每代释放2~3次。

放蜂量：初次放蜂时，害虫卵量不大，放蜂量可少些，每亩地一次放赤眼蜂卵0.5万~1万头；卵始盛期应加大放蜂量，每亩地一次放蜂卵1.5万~2万头；害虫产卵后期，赤眼蜂在田间自然繁殖和其他天敌种群数量增多，放蜂量可适当减少。

放蜂点：提倡每亩设置3~5个放蜂点。高温、干旱的条件下，应加大放蜂密度；潮湿、气候条件较凉爽的地区，可少设放蜂点（图25、图26）。

放蜂方法：蜂卡固定在植株中下部叶片的背面（图27）。

（2）生物农药防治：在二化螟卵孵盛期喷施苏云金杆菌、核多角体病毒、短稳杆菌等生物农药，具体使用方法参照产品说明。

5. 科学用药　采取狠治一代的防治策略，既可保苗，又可压低下一代虫口密度。防治指标为每亩有卵 120 块，或每亩有 60 个集中被害株的田块。防治对象田以施用氮肥过多、叶色浓绿、生长茂盛的稻田为主。可在卵孵盛期每亩选用40%毒死蜱乳油 80 ~ 120 mL，或1.9%

甲维盐微乳剂 50 mL，或 20% 氯虫苯甲酰胺悬浮剂 10 mL，或 10% 阿维·氟酰胺悬浮剂 30 mL，或 50% 稻丰散乳油 100～120 g，或 20% 三唑磷乳油 100～120 mL 等药剂，兑水 50 kg 均匀喷雾。防治时田间要留 3 cm 深水。

图 25　边缘多放蜂卡

图 26　中间少放蜂卡

图 27　赤眼蜂蜂卡放在植株下方

二、 稻 飞 虱

分布与为害

　　稻飞虱又名火蜢子、厌虫等，是我国水稻产区为害最严重的害虫之一，主要有灰飞虱、白背飞虱和褐飞虱3种。河南省的稻飞虱由南方稻区迁飞而至，为害较重的是褐飞虱和白背飞虱，水稻前中期以白背飞虱为主，后期以褐飞虱为主。灰飞虱很少直接成灾，但能传播稻、麦、玉米等作物的病毒。该虫群集于稻株下部刺吸汁液，消耗稻株营养和水分，并在茎秆上留下伤痕、斑点，分泌的有毒物质导致烟霉滋生，严重时稻丛基部变黑（图1～图3）。稻株受害后，叶片发黄干枯，生长低矮，甚至不能抽穗。拔节期至乳熟末期为为害盛期，被害稻田常先在田中间出现"黄塘"，造成典型症状"穿顶"或"虱烧"（图4～图6）。乳熟期受害，稻谷千粒重减轻，瘪谷增加，严重时常造成水稻大片死秆倒伏（图6～图8），对产量影响极大。轻者减产5%～10%，严重时减产50%以上，甚至颗粒无收。

图1 稻飞虱大发生状（长翅为主）

图2 稻飞虱大发生状（短翅为主）

图3　稻飞虱在基部为害

图4　稻飞虱为害造成穿顶

图5　稻飞虱为害造成多块穿顶

图6　稻飞虱拔节抽穗期为害严重田块远看如火烧

图7　稻飞虱灌浆期为害严重田块减产严重

图8　稻飞虱为害严重田块大片死秆倒伏，基本绝收（左边）

形态特征

　　稻飞虱体形小，触角短锥状，有长翅型和短翅型。褐飞虱长翅型成虫体长3.6～4.8 mm，短翅型2.5～4 mm，短翅型成虫翅长不超过腹部，雌虫体肥大。深色型头顶至前胸、中胸背板暗褐色，有3条纵隆起线；浅色型体黄褐色（图9～图11）。卵呈香蕉状，产在叶鞘和叶片组织内，长0.6～1 mm，常数粒至一二十粒排列成串（图12、图13）。老龄若虫分5龄，体长3.2 mm，初孵时淡黄白色，后变为褐色。白背飞虱体灰黄色，有黑褐色斑，长翅型成虫体长3.8～4.5 mm，短翅型2.5～3.5mm，体肥大，翅短，仅及腹部一半，头顶稍突出，前胸背板黄白色，中胸背板中央黄白色，两侧黑褐色（图14）。卵长约0.8 mm，长卵圆形，微弯，产于叶鞘或叶片组织内，一般7～8粒单行

图9　长翅型褐飞虱

图10　短翅型褐飞虱及若虫

图11　群聚为害的短翅型褐飞虱

图12　褐飞虱卵放大照

图13　产在叶鞘和叶片组织内的褐飞虱卵

排列。老龄若虫体长2.9 mm，初孵时，乳白色，有灰色斑，3龄后淡灰褐色。灰飞虱体浅黄褐色至灰褐色，长翅型成虫体长3.5～4.0 mm，短翅型2.3～2.5 mm，均较褐飞虱略小。头顶与前胸背板黄色，中胸背板雄虫黑色，雌虫中部淡黄色，两侧暗褐色（图15）。卵长椭圆形稍弯曲，双行排成块，产在叶鞘和叶片组织内。老龄若虫体长2.7～3.0 mm，深灰褐色。

图14　白背飞虱

图15　灰飞虱

发生规律

稻飞虱具有迁飞性和趋光性，且喜趋嫩绿色，暴发性和突发性强，还能传染某些病毒病，是河南稻区主要害虫之一。稻飞虱在各地每年发生的世代数差异很大，在河南省一般发生4代，世代间均有重叠现象。褐飞虱和白背飞虱属远距离迁飞性害虫，灰飞虱属本地越冬害虫，以卵在各发生区杂草组织中或以若虫在田边杂草丛中越冬。稻飞虱初次虫源都是从南方迁入，一般年份6月中旬开始迁入，8月下旬至10月上旬开始往南回迁，7月中旬至9月上旬是稻飞虱的发生盛期，一旦条件适宜，往往暴发成灾，通常造成水稻倒秆、"穿顶""黄塘"。稻飞虱成虫和若虫都可以取食为害，以高龄若虫取食为害最重。成虫有短翅型和长翅型两种，长翅型成虫适合迁飞，短翅型成虫适宜定居繁殖，其产卵量显著多于长翅型成虫，短翅型成虫大量出现时是大发生的预兆。

褐飞虱是喜温型昆虫，在北纬25°以北的广大稻区不能越冬，生长发育的适宜温度为20～30℃，最适温度为26～28℃，相对湿度80%以上。1只褐飞虱雌成虫能产卵300～400粒，主害代卵一般7～13天孵化为若虫，成虫寿命15～25天。褐飞虱发生为害的轻重，主要与迁入的迟早、迁入量、气候条件、品种布局和品种抗（耐）虫性、栽培技术和天敌因素有关。盛夏不热、晚秋不凉、夏秋多雨等易发生，高肥密植稻田的小气候有利于其生存。白背飞虱安全越冬的地域、温度等外部条件与褐飞虱相近似，迁飞规律与褐飞虱大致相同。但食性和适应性较褐飞虱宽，在稻株上取食部位，比褐飞虱稍高，可在水稻茎秆和叶片背面活动，能在15～30℃下正常生存，要求相对湿度80%～90%，初夏多雨、盛夏长期干旱，易引起大发生。白背飞虱一只雌成虫可产卵200～600粒。7～11天孵化为若虫，成虫寿命16～23天。其习性与褐飞虱相似。灰飞虱一般先集中田边为害，后蔓延至田中。越冬代以短翅型为多，其余各代长翅型居多，每雌产卵量100多粒。灰飞虱耐低温能力较强，但对高温适应性差，适温为25℃左右，超过30℃发育速率延缓，死亡率高，成虫寿命缩短。7～8月降雨少的年份有利于其发生。

绿色防控技术

1.农业防治

（1）品种选择：在选择水稻种植品种时优先选择抗虫品种，这样能够确保稻飞虱防控技术的安全性和经济性能。所以，对于稻飞虱为害严重地区，推荐水稻种植户选择粳稻品种或者糯稻品种，并且选择茎高秆粗、株形紧凑和较强抗性的杂交水稻品种，确保水稻种植品种的多元化。其次，每年需要指导种植户更换水稻品种，这样能降低稻飞虱对水稻品种抗性的适应能力。

（2）开展健身栽培：在种植之前需要选择适宜的种植场地，施加足够的基肥，合理选择种植时间，并且通过追加施肥方式培育壮秧苗。水稻田种植密度可以比常规种植密度稀疏。需要合理控制株距，可以选择30 cm×15 cm宽窄行栽种模式，保障种植密度合理性。在水稻种植一个月之后需要进行晒田处理，时间控制在3天左右，这样能够壮苗增蘗，控制秧苗生长，提升植株抵抗力，调节水稻田间局部气候，降低稻飞虱发生率。

（3）稻田养鸭技术：在水稻田养鸭防治稻飞虱。可以选择体形较小、活动能力比较强的麻鸭，在水稻返青之后，按照 10~15 只 / 亩投放比例将 10 日龄雏鸭放到水稻田中。一般来说，在晴朗天气晨间 9~10 时放鸭，如果在雨水天气则可以提前放鸭，利用麻鸭不间断活动性和杂食性特点，使其在水稻田中生活和劳作，可以刺激水稻生长，为水稻田松土，防治稻飞虱，起到施肥除草效果。采用稻鸭同养方式既能够为鸭子提供生长环境，还能够将鸭子粪便当作天然肥料。不仅有效降低水稻田病虫害，还能够使稻田孕育出安全无害的鸭肉和大米，全面提升该地区的生态养殖技术（图 16）。

图 16　稻鸭共育技术

（4）合理水肥管理：在种植期间需要注重肥料施加量和氮肥、钾肥和磷肥的施加比例，严格控制氮肥施加量，增加农家肥等有机肥施加量，确保基肥和钾肥充足，在种植过程中注重肥料施加量。在种植期间需要采取浅水插秧方式，在插秧之后需要灌溉水层保护秧苗，高度控制在 3 cm 左右，活水发棵返青，在分蘗期、孕穗期浅水勤灌。可以利用适时适度晒田、干湿交替、浅水勤浇等方式管理稻田水肥，控制稻飞虱繁殖发育。

2. 物理措施

（1）灯光诱杀（详见"二化螟"防治）。

（2）保护利用天敌：可以应用人工养殖和繁衍天敌保护生态环境，减少对稻飞虱天敌的捕杀，发挥稻飞虱天敌在水稻田控制和减少稻飞虱作用。应用非稻田对天敌的保护作用，可以将茶叶或者茭白等种植在水稻田附近，在水稻田休闲期供天敌栖息，在移植水稻之后稻飞虱天敌重新回到水稻田。除此之外，还可以在水稻田周边种植花卉植物（图17），能够为稻飞虱天敌提供营养源，吸引天敌，提升寄生率和繁殖力，最大限度减少稻飞虱数量。

3. 生物防治　稻田蜘蛛、黑肩绿盲蝽等自然天敌能有效控制褐飞虱的种群数量（图18），当蜘蛛与飞虱数量比为 1∶（8～9），飞虱密度在（1 000～1 500）头／百丛以内时，控制效果较好，一般可不防治。

图 17　种植显花蜜源植物　　　　图 18　白背飞虱和天敌蜘蛛

4. 科学用药

（1）科学用药：稻田前期尽量少用杀虫剂，特别是三唑磷等杀虫剂。以保护穗期为重点，适当放宽防治指标，力求做到天敌等自然因子能控制的不用药防治，天敌不能控制为害时用药防治，坚持选用高效、低毒、低残留对口农药。

（2）防治指标：孕穗期、抽穗期百丛虫量 1 000 头，齐穗期后百丛虫量 1 500 头。

（3）防治适期：抓准在低龄（1、2 龄）若虫盛发期用药防治。

（4）防治用药：可每亩用 25% 吡蚜·噻嗪酮可湿性粉剂 20~24 g，或 40% 毒死蜱乳油 80~120 mL，或 50% 稻丰散乳油 100~120 mL，或 10% 吡虫啉可湿性粉剂 20 g，或 25% 噻嗪酮可湿性粉剂 40~50 g，或 25% 噻虫嗪（阿克泰）水分散粒剂 2~4 g 等药剂，兑水 50~70 kg 喷雾防治。喷雾时，或将喷头塞进稻丛间，喷到稻丛基部稻飞虱栖息为害部位；或加大药液量，使药液流到稻丛下部，触杀害虫。施药期间保持 3~5 cm 浅水层 3~5 天，以提高防治效果。

三、 稻纵卷叶螟

分布与为害

稻纵卷叶螟又名刮青虫、稻纵卷叶虫、纵卷螟，是国内稻区主要害虫之一。在水稻分蘖期至抽穗期都能遭受稻纵卷叶螟为害，低龄幼虫在嫩叶尖（上部）纵卷结成小虫苞或称束叶苞，叶苞下端可见丝状相连（图1、图2），幼虫匿居其中仅取食叶肉而叶片留下白斑（图3、图4），发生严重时"虫苞累累，白叶满田"（图5、图6）。水稻苗期受害影响正常生长，甚至枯死；分蘖期至拔节期受害，分蘖减少，植株缩短，生育期推迟；孕穗后特别是抽穗期到齐穗期剑叶被害，影响开花结实，空壳率提高，千粒重下降。一般可损失10%～20%，严重的可超过50%。1头幼虫一生可食叶5～7片，多者达9～12片。1～3龄幼虫食叶量仅为10%，高龄幼虫取食量大。稻纵卷叶螟对上部功能叶片的为害直接影响了水稻灌浆物质的积累，尤以抽穗期、孕穗期受害损失最大。

图1　稻纵卷叶螟低龄幼虫卷的小苞叶

图2　稻纵卷叶螟大龄幼虫卷的大苞叶

图3 稻纵卷叶螟幼虫为害后外部
叶片白条斑

图4 稻纵卷叶螟幼虫在稻叶内
啃食形成的条状白斑

图5 稻纵卷叶螟幼虫大田严重为害
后白叶满田

图6 稻纵卷叶螟大田为害后
虫苞累累

形态特征

成虫：体长约为1 cm，体黄褐色。前翅有两条褐色横线，两线间有1条短线，外缘有1条暗褐色宽带（图7、图8）。

卵：一般单产于叶片背面，粒小。

幼虫：幼虫通常有5个龄期。一般稻田间出现大量蛾子约1周后便出现幼虫，刚孵化出的幼虫很小，肉眼不易看见。低龄幼虫体淡黄绿色，高龄幼虫体深绿色至橘红色（图9、图10）。

蛹：体长7～10 mm，圆筒形，初淡黄色，渐变黄褐色，后转为红棕色，外常包有白色薄茧（图11、图12）。

图 7　稻纵卷叶螟成虫

图 8　灯光诱集的稻纵卷叶螟成虫

图 9　稻纵卷叶螟低龄幼虫

图 10　稻纵卷叶螟高龄幼虫及虫粪

图 11　包有白色薄茧的稻纵卷叶螟蛹

图 12　稻纵卷叶螟蛹后期

发生规律

　　稻纵卷叶螟是一种远距离迁飞性害虫，在北纬30°以北稻区不能越冬，故河南省稻区初次虫源均自南方迁来。1年发生的世代数随纬度和海拔高度形成的温度而异，河南省稻区一般发生4代，常年6月上旬至7月中旬从南方稻区迁来，7月上旬至8月上旬为主害期。该虫的成虫有趋光性、栖息趋荫蔽性和产卵趋嫩性，且能长距离迁飞。

成虫羽化后 2 天常选择生长茂密的稻田产卵，产卵位置因水稻生育期而异，卵多产在叶片中脉附近。适温高湿产卵量大，一般每雌产卵 40 ~ 70 粒，最多 150 粒以上；卵多单产，也有 2 ~ 5 粒产于一起。气温 22 ~ 28℃、相对湿度 80% 以上时，卵孵化率可达 80% ~ 90%。1 龄幼虫在分蘖期爬入心叶或嫩叶鞘内侧啃食。在孕穗抽穗期，则爬至老虫苞或嫩叶鞘内侧啃食。2 龄幼虫可将叶尖卷成小虫苞，然后叶丝纵卷稻叶形成新的虫苞，幼虫潜藏在虫苞内啃食。幼虫蜕皮前，常转移至新叶重新作苞。第 4、5 龄幼虫食量占总取食量 95% 左右，为害最大。老熟幼虫在稻丛基部的黄叶或无效分蘖的嫩叶苞中化蛹，有的在稻丛间，少数在老虫苞中。

　　该虫喜欢生长在嫩绿、湿度大的稻田。适温高湿情况下，有利于成虫产卵、孵化和幼虫成活，因此，在多雨及多露水的高湿天气，有利于稻纵卷叶螟发生。多施氮肥、迟施氮肥的稻田发生量大，为害重。水稻叶片窄、生长挺立（田间通风透光好）、叶面多毛的品种不利于稻纵卷叶螟发生；水稻叶片宽、生长披垂（田间通风透光差）、叶面少毛的品种有利于稻纵卷叶螟发生。若遇冬季气温偏高，其越冬地界北移，翌年发生早；夏季多台风，则随气流迁飞机会增多，发生会加重。

绿色防控技术

1.农业防治

（1）清除田间杂草，减少或消除稻纵卷叶螟栖息场所，特别是沟渠、塘边、沟边、田边的杂草，可收集整理，沤制成肥，做到治虫积肥一举两得。

（2）选用抗（耐）虫品种，改良栽培制度。可以利用水稻抗性选用抗虫高产良种，结合合理施肥，防止水稻前期猛发嫩绿、后期恋青迟熟，使水稻生长正常，适期成熟，对减轻为害有一定作用。

（3）灌水灭蛹，减少下一代虫口基数。根据其一般在稻丛基部化蛹较多的习性，在幼虫即将化蛹时，放掉田里的水，或仅留薄皮水，使化蛹部位降低，等到大部分幼虫化蛹时，再灌水 10 ~ 12 cm，保持 3 天，可消灭大量虫蛹。

2. 物理防治

（1）利用昆虫的趋光性，用黑光灯诱杀害虫。参照"二化螟"防治方法。

（2）在成虫盛发期，对成虫密集的地方，用涂肥皂水的脸盆或捕虫网捕杀成虫。

（3）在成虫盛发期，利用蛾子趋荫蔽栖息的习性，随收割，把蛾子赶到田角用药杀灭。

3. 生物防治

（1）利用稻纵卷叶螟的昆虫天敌，如寄生稻纵卷叶螟的绒茧蜂、螟黄赤眼蜂和拟澳洲赤眼蜂等主要蜂种，其中绒茧蜂是专门寄生于稻纵卷叶螟低龄幼虫的一种优势种天敌。开发此类寄生蜂大量繁殖技术，在合适的时期进行放蜂，从而达到对田间稻纵卷叶螟的有效控制。具体放蜂方法参照"二化螟"防治。

（2）以菌治虫。比如用杀螟杆菌、青虫菌等细菌农药防治稻纵卷叶螟，每亩用100~150 g（每克菌粉含活孢子100亿以上），加水60~75 kg喷雾（土法生产的菌粉，可按含菌量推算），喷雾时加入药量0.1%的洗衣粉或茶枯粉（即茶子饼粉）作湿润剂，可提高防治效果。

3. 科学用药

（1）防治适期：在卵孵化至1～2龄幼虫高峰期进行防治。

（2）防治指标：分蘖、圆秆期每百丛有2~3龄幼虫30~40头或束叶小苞40~50个；孕穗、始穗期每百丛有2~3龄幼虫20~30头或束叶小苞30~40个。

（3）防治药剂与方法：如果稻纵卷叶螟成虫量大（25丛可见5~10只蛾子），防治适期就要提前到始见蛾子后1周（大约是卵开始孵化期）。可每亩选用50%稻丰散乳油100~120 mL，或40%毒死蜱乳油100 mL，或20%氯虫苯甲酰胺胶悬剂10 mL，或1.8%阿维菌素乳油80~100 mL，或15%茚虫威乳油12 mL等药剂，兑水50 kg喷雾（在二龄前施药）防治，防治时，田间保水3~5 cm，3~5天，保证防治效果。

四、三化螟

三化螟是国内稻区主要害虫之一，曾是螟虫的优势种，近年来发生程度逐年降低，为害远较二化螟轻。三化螟食性单一，专食水稻。水稻苗期和分蘖期，初孵幼虫从水稻茎部蛀入，1周左右，造成枯心苗；孕穗末期至抽穗初期，初孵幼虫从包裹稻穗的叶鞘上或稻穗破口处侵入，取食稻花发育至2龄，在稻穗颈部咬孔侵入，并咬断稻茎造成枯孕穗和白穗，转株为害还形成虫伤株（图1~图3）。一般发生年份，为害率在5%~10%；发生重的年份，损失产量在20%以上。

图1　水稻三化螟基　　　　图2　水稻三化螟造成的　　　　图3　水稻三化螟大田
　　　部为害状　　　　　　　　　单个白穗　　　　　　　　　中造成的白穗

成虫：雌蛾体长约12 mm，前翅三角形，淡黄白色，中央有1个黑点，腹部末端有一撮黄色绒毛；雄蛾体长约9 mm，前翅淡灰褐色，中央小黑点比较模糊，从翅尖到后缘有一黑色带纹（图4）。

卵：卵块长椭圆形，略扁，初产时蜡白色，孵化前呈灰黑色，每卵块有卵10~100多粒，卵块上覆盖有棕色绒毛（图5）。

幼虫：一般4~5龄。初孵时灰黑色，1~3龄幼虫体黄白色至黄绿色；老熟时长14~21 mm，头淡黄褐色，身体淡黄绿色或黄白色，从3龄起，背中线清晰可见，腹足较退化（图6、图7）。

蛹：蛹细长圆筒形，初为乳白色，后变为黄褐色（图8）。

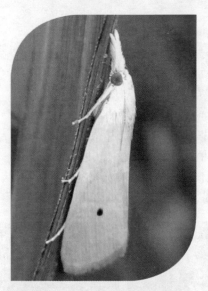

图4　水稻三化螟成虫

图5　水稻三化螟卵孵化及蚁螟

图6　水稻三化螟幼虫

图7　稻秆中的水稻三化螟幼虫

图8　水稻三化螟蛹

发生规律

1.发生世代和发生期　水稻三化螟的发生代数随气候不同差异很大，河南省一般发生3代，在部分地区第三代幼虫少量个体可继续发育出第四代。三化螟对温度的敏感性较强，温度的变化可以直接影响其发育、为害程度。故暖冬越冬基数大，冷冬越冬基数小；春季4月温度变幅大，可造成化蛹期三化螟大量死亡。三化螟总体越冬基数小于二化螟，其种群数量主要靠逐代累积增大，所以三化螟属于三代大发型。三化螟越冬代蛾于翌年5月初始见，一般5月中下旬出现盛发期；1代蛾6月下旬始见，7月上旬盛发；2代蛾7月下旬始见，8月上旬盛发；3代蛾9月初始见，无峰期。1代卵5月下旬盛孵，2代卵7月中旬盛孵，3代卵8月上旬盛孵。

2.影响其发生的因素　水稻三化螟成虫昼伏夜出，有较强的趋光性。产卵具有趋嫩绿习性，卵块产于叶面，表面有绒毛覆盖，水稻处于分蘖期或孕穗期，或施氮肥多、长相嫩绿的稻田，卵块密度高。初孵幼虫多先爬向叶尖，吐丝随风飘荡到附近稻株，分散钻入稻株。被害的稻株，多为1株1头幼虫，幼虫2龄以后有转株为害习性，每头幼虫多转株1~3次，以3、4龄幼虫为盛。幼虫一般4或5龄，老熟后在稻茎内下移至基部化蛹。

三化螟的发生为害主要受水稻耕作栽培、生育期、气候、天敌和防治等因素影响。在栽培技术上，基肥足，水稻健壮，抽穗迅速、整齐的稻田螟害轻；追肥过迟和偏施氮肥，水稻徒长，螟害重。水稻不同生育期，水稻三化螟蚁螟的侵入率和成活率有明显的差异，一般水稻分蘖期和孕穗期蚁螟侵入率高，其次为抽穗期，圆秆期蚁螟侵入率较低。因此，分蘖期和孕穗至破口露穗期这两个生育期，是水稻受螟害的"危险生育期"。春季温度的高低直接影响第1代发生的迟早，一般旬平均温度达17 ℃左右即进入化蛹盛期。冬、春季湿度对水稻三化螟越冬死亡率影响极大。特别是越冬代幼虫化蛹阶段经常降水或田间积水，死亡率可达90%以上。

水稻三化螟的天敌较多，有捕食性的青蛙、蜘蛛、蜻蜓、步行虫、隐翅虫、瓢虫和寄生性的稻螟赤眼蜂、螟卵啮小蜂、长腹黑卵蜂、螟黑卵蜂等寄生蜂。

绿色防控技术

1. 农业防治

（1）采取秋耕灭茬、春季灌水措施。冬季三化螟以幼虫在稻桩中越冬，秋收后或者春季育秧、移栽前，深耕后灌水 10~20 cm，浸泡 10 天左右，可杀死大部分害虫。

（2）调整水稻栽播期，压低越冬及冬后残留基数，减少秧田一代有效虫量。水稻分蘖期和孕穗期是三化螟蚁螟侵入高峰期，调整播期，错开卵孵高峰期与分蘖期吻合，减轻三化螟为害。

（3）选择播种抗虫品种。

2. 物理防治　利用频振式杀虫灯或性诱剂等诱杀三化螟成虫（参照"二化螟"防治）。

3. 生物防治　尽量使用生物农药，如 BT 制剂、白僵菌、绿僵菌、甘蓝核多角体病毒等生物杀虫剂，能有效控制三化螟为害，同时可以保护天敌，发挥天敌的自然控制作用。

4. 科学用药

（1）防治策略：压前、控后、保苗、保穗。

（2）防治枯心苗：在卵块孵化始盛期进行调查，当丛枯心率达 2% ~ 3% 时进行药剂防治。

（3）预防白穗：在卵盛孵期，对破口抽穗的稻田用药 1 次，发生量大或水稻抽穗期长时，需在齐穗时（80% 左右抽穗）再用药 1 次。

（4）防治药剂：可每亩选用 50% 杀螟松乳油 100 mL，或 25% 杀虫双水剂 250 mL，或 1.9% 甲维盐微乳剂 50 mL，或 20% 氯虫苯甲酰胺悬浮剂 10 mL，或 40% 毒死蜱乳油 100 mL，或 20% 三唑磷乳油 120 mL 等，兑水喷雾。田间保水 3 ~ 5 cm，3 ~ 5 天，以保证防治效果。

五、 大 螟

分布与为害

大螟别名稻蛀茎夜蛾、紫螟，中国东部自辽宁以南地区均有发生。该虫原仅在稻田周边零星发生，随着耕作制度的变化，尤其是推广杂交稻以后，发生程度显著上升，近年来在部分地区更有超过三化螟的趋势，成为水稻常发性害虫之一。大螟为害状与二化螟相似，以幼虫蛀入稻茎为害，可造成枯梢、枯心苗、枯孕穗、白穗及虫伤株（图1）。大螟为害的蛀孔较大，虫粪多，有大量虫粪被排出茎外，受害稻茎的叶片、叶鞘部都变为黄色，有别于二化螟。大螟造成的枯心苗田边较多，田中间较少，有别于二化螟、三化螟为害造成的枯心苗。

图1 水稻大螟为害造成白穗

形态特征

成虫雌蛾体长15 mm，翅展约30 mm，头部、胸部浅黄褐色，腹部浅黄色至灰白色；触角丝状，前翅近长方形，浅灰褐色，中间具小黑点，4个排成四角形。雄蛾体长约12 mm，翅展27 mm，触角栉齿状（图2）。卵扁圆形，初白色，后变灰黄色，表面具细纵纹和横线，聚生或散生，常排成2~3行。幼虫共5~7龄，3龄前幼虫鲜黄色；末龄幼虫体长约30 mm，老熟时头红褐色，体背面紫红色（图3、图4）。蛹长13~18 mm，粗壮，红褐色，腹部具灰白色粉状物，臀棘有3根钩棘（图5）。

图2　水稻大螟成虫

图3　水稻大螟幼虫

图4　稻秆中的水稻大螟幼虫

图5　水稻大螟蛹

发生规律

　　一年发生4代左右，以幼虫在稻茬、杂草根间、玉米、高粱及茭白等残体里越冬。翌年春老熟幼虫在气温高于10 ℃时开始化蛹，15 ℃时羽化，越冬代成虫把卵产在春玉米或田边看麦娘、李氏禾等杂草叶鞘内侧，幼虫孵化后再转移到邻近水稻上蛀入叶鞘内取食，蛀入处可见红褐色锈斑块。3龄前常十几头群集在一起，把叶鞘内层吃光，后钻进心部造成枯心。3龄后分散，为害田边2~3墩稻苗，蛀孔距水面10~30 cm，老熟时在叶鞘处化蛹。成虫趋光性不强，飞翔力弱，常栖息在株间，每雌成虫可产卵240粒，卵历期一代为12天，2、3代5~6天；幼虫期一代约30天，二代28天，三代32天；蛹期10~15天。一般田边比田中产卵多，为害重。稻田附近种植玉米、甘蔗、茭白等的地区大螟为害比较重。

绿色防控技术

1. 农业防治　农业防治就是要人为恶化大螟生存环境，从而降低田间种群数量。

（1）水稻收获时近地收割，减少稻桩茎基部的留虫量，及时处理稻草，同时冬前至少翻耕或者旋耕1次土壤，冬季休耕田灌水保湿，减少越冬虫源。

（2）改变作物田间布局，尽量避免玉米、水稻等插花种植格局，变为集中连片种植。在不影响下茬作物适时种植的情况下，调节水稻播、栽期，降低大螟产卵及为害高峰与适宜生育期的吻合度，同时尽量避免不同生育期的品种混栽。

（3）及时消除田边杂草，特别要及时消除芦苇、野茭白、蒿草等大螟野生寄主，拆除桥梁，减轻为害。

（4）另外，在1代大螟的卵孵盛期，选择早栽长势嫩绿的玉米地，逐株剥下玉米植株基部3片叶的叶鞘，带出田间集中销毁，也可有效防治1代螟为害春玉米。

2. 生态调控降低种群数量　大螟在农田生态环境的数量增多为害加重，是农田生态环境失衡的重要表现。调节农田生态环境生物多样性，将大螟的种群数量控制在经济阈值以下，是目前减少农业有害生物，保证粮食安全和环境安全的重要措施。

（1）大螟天敌有大螟黑卵蜂、大螟瘦姬蜂等寄生性天敌，也有步甲、瓢虫、青蛙、鸟类等捕食性天敌。减少化学农药投入、改善农田生态环境、保护天敌可有效控制大螟种群数量。

（2）稻田养鱼、养鸭、保护青蛙等措施也能大幅度降低大螟为害（图6、图7）。

（3）应用大螟对高粱、稗草、甜玉米、香根草等植物具有明显趋向性的特性进行成虫及卵块的诱杀。3代大螟成虫多在高粱上产卵，因此在丰产前提下，确定适宜播栽期，高粱收获后推迟7~10天砍秆，以充分诱集大螟卵块集中处理，极大地减少了田间大螟种群数量。在田边栽稗草诱卵并及时拔除，也可以减少大螟发生数量，减轻大螟为害。在单季稻种植区内的连片大面积稻田中种植小面积超甜玉米，诱集大螟产卵，然后在玉米田集中防治大螟，收获期将超甜玉米的植株整体收割，集中处理压低越冬虫源基数，减轻翌年为害；在香根草和水稻之间，大螟明显趋向于在香根草上产卵和取食，而大螟在香根草上的存活率却显著低于在水稻上的存活率，因此，在水稻田边种植香根草能显著降低田间大螟种群数量，并抑制大螟的生长发育（图8）。

3. 物理防治　性诱剂的推广使用也是利用大螟的趋性对其进行防

图6　稻鸭共育

图7　稻虾、鱼共养稻田

图8　种植诱集植物香根草

治的有效手段。具体用法参照"二化螟"。

4. 生物防治 近年研发的新药剂甜核·苏云菌由甜菜夜蛾核型多角体病毒和苏云金杆菌复配而成，对大田防治效果好，对环境和其他天敌昆虫也安全。

5. 科学用药 科学准确预测预报对大螟的有效防治至关重要，是预测大螟发生趋势、指导防治的关键。大螟趋光性不太强，所以灯诱测报效果不佳。采用性诱剂进行大螟的测报应用较多，主要用于搜集大螟成虫的发生数量消长动态数据。田边栽种稗草也可对大螟进行有效测报，在稻田边间栽与水稻相同生育期或迟于水稻生育期的稗草，每隔 2~3 m 栽植 1~2 穴，于成虫发生期定期调查，每次调查每穴稗草 2~3 株，总调查 100 株以上，剥查所有叶鞘计算卵量，并按照卵块发育情况，预测为害程度和防治适期。超甜玉米带虫的秸秆集中堆放，用网棚罩住，也可观察大螟发育进度，提供一定的预测预报数据。性诱和田间剥查幼虫及虫卵结合应用，将大大提高大螟的测报准确度。

大螟卵孵盛期和水稻破口期是药剂防治最佳时期。水稻破口期至破口后 4 天防治大螟，防效显著，而破口后 8 天防治，防效直线下降，破口后 12 天防治基本无效。

中粳稻的破口期与主害代盛孵期接近，在易害敏感期施药，也能取得显著防效。大螟偏重发生时，需在卵孵始盛至高峰期连续用药 2 次，或在低龄幼虫高峰期或田间为害始见期，再复查补充用药 1 次。

生产上可以选用氯虫苯甲酰胺、稻丰散、高效氯氟氰菊酯、甲氨基阿维菌素苯甲酸盐、阿维·苏云菌、甜核·苏云菌等进行大螟药剂防治。20% 阿维·二嗪磷乳油，无论在大螟的卵孵盛期或是在低龄幼虫盛期用药，杀虫效果均达到 80% 以上。氯虫苯甲酰胺和稻丰散不仅在大螟卵孵期使用效果好，而且对低龄幼虫的杀灭效果也较明显。甜核·苏云菌不仅对水稻大螟防效好，而且持效期长，在大螟卵孵至 2 龄幼虫高峰期用药，保苗效果和杀虫效果均达到 90% 以上。药剂防治时应保证喷雾用水量，对准稻株中上部喷雾，最好做到施药时田间有 3~5 cm 的水层，并维持 5~7 天，以确保防效。在常规喷雾施药时，每公顷的喷液量以 1 000 kg 为宜。

六、 稻蓟马

分布与为害

稻蓟马又叫玉米蓟马，在各水稻生产区均有发生。稻蓟马多在寄主植物的心叶内活动为害，成、若虫以口器锉破叶面，呈微细黄白色斑，叶尖两边向内卷折，渐及全叶卷缩枯黄，分蘖初期受害重的稻田，苗不长、根不发、无分蘖，甚至成团枯死（图1~图4）。晚稻秧田受

图1　稻蓟马田间为害状

图2　稻蓟马叶片为害状

图3　稻蓟马为害苗（下面）与健苗比较

图4　稻蓟马为害叶尖造成卷缩枯黄

害更为严重，常成片枯死，状如火烧。穗期成、若虫趋向穗苞，扬花时，转入颖壳内，为害子房，造成空瘪粒，对产量影响极大。

形态特征

　　稻蓟马成虫体长 1 ~ 1.3 mm，黑褐色，头近似方形，触角 8 节，翅浅黄色，羽毛状，腹末雌虫锥形，雄虫较圆钝。卵肾状，长约 0.26 mm，黄白色。若虫共 4 龄，4 龄若虫又称蛹，长 0.8 ~ 1.3 mm，淡黄色，触角折向头与胸部背面。

发生规律

　　稻蓟马生活周期短，发生代数多，世代重叠，田间世代很难划分。多数以成虫在麦田、茭白及禾本科杂草等处越冬。成虫常藏身卷叶尖或心叶内，早晚及阴天外出活动，能飞，能随气流扩散。卵散产于叶脉间，有明显趋嫩绿稻苗产卵习性。初孵幼虫集中在叶耳、叶舌处，更喜欢在幼嫩心叶上为害。若 7 ~ 8 月遇低温多雨，则有利于其发生为害；秧苗期、分蘖期和幼穗分化期，是稻蓟马的为害高峰期，尤其是水稻品种混栽田、施肥过多及本田初期受害会加重。

绿色防控技术

　1. 农业防治

　　（1）稻蓟马以成虫在杂草中越冬，水稻收割后或者冬季，要及时铲除田边、沟边杂草，减少越冬虫源。

　　（2）尽量避免早、中、晚稻品种混栽，集中播种期和栽秧期，以减少稻蓟马的繁殖桥梁田和辗转为害的机会。

　　（3）在施足基肥的基础上，适期适量追施返青肥，促使秧苗正常生长，减轻为害。

　　（4）适时晒田、搁田，培育壮苗，提高植株耐虫能力。

　　2. **生态调控**　稻蓟马的天敌主要有花蝽、微蛛、稻红瓢虫等，在水稻周边种植芝麻、黄豆、菊科植物等显花植物，给天敌提供蜜源植物和栖息场所，保护天敌，发挥天敌的自然控制作用。

3. 科学用药　采取"狠治秧田，巧治大田；主攻若虫，兼治幼虫"的防治策略。依据稻蓟马的发生为害规律，防治适期为秧苗四、五叶期和稻苗返青期。防治指标为若虫发生盛期，当秧田百株虫量200～300头或卷叶株率10%～20%，水稻本田百株虫量300～500头或卷叶株率20%～30%时，应进行药剂防治。可每亩用10%蚜虱净粉剂2 000倍液，或90%敌百虫晶体1 000倍液，或48%毒死蜱乳油80～100 mL，或10%吡虫啉可湿性粉剂20 g等药剂，兑水50 kg，田间均匀喷雾，以清晨和傍晚防治效果较好。由于受害水稻生长势弱，适当地增施速效肥可帮助其恢复生长，减少损失。

七、 直纹稻弄蝶（稻苞虫）

分布与为害

直纹稻弄蝶又名一字纹稻弄蝶、苞叶虫，是水稻上的一种食叶害虫，分布在全国大部分稻区。主要以幼虫吐丝黏合数叶至10余叶成苞，苞略呈纺锤形，并蚕食叶片，轻则造成缺刻，重则吃光叶片（图1~图3）。分蘖期受害影响水稻正常生长，抽穗前受害重的可使稻穗卷曲在苞内，影响抽穗开花和结实。

图1 直纹稻弄蝶把稻叶吃成缺刻

图2 直纹稻弄蝶卷叶的丝

图3 直纹稻弄蝶卷的苞叶

形态特征

　　成虫体长 16~20 mm，翅展 28~40 mm，体及翅均为棕褐色，并有金黄色光泽。前翅有 7~8 枚排成半环状的白斑，下边一个较大。后翅中间具 4 个半透明白斑，呈直线或近直线排列（直纹稻弄蝶之名即由此而来）（图 4）。卵半球形，直径 0.8~0.9 mm，初产时淡绿色，孵化前变褐色至紫褐色，顶花冠具 8~12 瓣。幼虫两端细小，中间粗大，略呈纺锤形。末龄幼虫体长 27~28 mm，体绿色，头黄褐色，中部有 W 形深褐色形纹。背线宽而明显，深绿色（图 5~图 7）。蛹长 22~25 mm，黄褐色，近圆筒形，头平尾尖。初蛹嫩黄色，后变为淡黄褐色，老熟蛹变为灰黑褐色，第 5、6 腹节腹面中央有 1 个倒八字形纹（图 8、图 9）。

图 4　直纹稻弄蝶成虫

图 5　直纹稻弄蝶低龄幼虫

图 6　直纹稻弄蝶大龄幼虫

图 7　卷在苞叶中的直纹稻弄蝶的
大龄幼虫

图9　直纹稻弄蝶老熟幼虫及蛹

图8　稻叶中直纹稻弄蝶的蛹

发生规律

直纹稻弄蝶在河南每年发生4~5代。以老熟幼虫在田边、沟边、塘边等处的芦苇、李氏禾等杂草间，以及茭白、稻桩和再生稻上结苞越冬，越冬场所分散。越冬幼虫翌年春小满前化蛹羽化为成虫后，主要在野生寄主上产卵繁殖1代，以后的成虫飞至稻田产卵。以6~8月发生的2、3代为重害代。成虫夜伏昼出，飞行力极强，需补充营养，嗜食花蜜。有趋绿产卵的习性，喜在生长旺盛、叶色浓绿的稻叶上产卵；卵散产，多产于寄主叶的背面，一般1叶仅有卵1~2粒；少数产于叶鞘。单雌产卵量平均65~220粒。初孵幼虫先咬食卵壳，爬至叶尖或叶缘，吐丝缀叶结苞取食，幼虫白天多在苞内，清晨或傍晚，或在阴雨天气时常爬出苞外取食，咬食叶片，不留表皮，大龄幼虫可咬断稻穗小枝梗。3龄后抗药力强。有咬断叶苞坠落，随苞漂流或再择主结苞的习性。田水落干时，幼虫向植株下部老叶转移，灌水后又上移。幼虫共5龄，老熟后，有的在叶上化蛹，有的下移至稻丛基部化蛹。化蛹时，一般先吐丝结薄茧，将腹两侧的白色蜡质物堵塞于茧的两端，再蜕皮化蛹。山区野生蜜源植物多，有利于繁殖；阴雨天，尤其是时晴时雨，有利于其大发生。

绿色防控技术

1. 农业防治

（1）降低本地越冬虫源基数，减少翌年虫口数量。在冬春季即越冬虫源成虫羽化前，铲除田边、沟边、塘边的游草、茭白和其他杂草，消灭稻苞虫的越冬寄主和场所。

（2）幼虫虫量不大或虫龄较高时，可人工剥虫苞，捏死幼虫和蛹，或用拍板、鞋底拍杀幼虫。

（3）小面积发生且虫体较大时，可放鸭啄食。稻田养鸭技术，参照二化螟防治。

2. 生态调控　稻苞虫的天敌很多，自然被寄生率很高。稻苞虫的幼虫寄生蜂主要有稻苞虫绒茧蜂、黄足绒茧蜂、稻苞虫寄生蝇，蛹期寄生蜂有黑点瘤姬蜂、稻苞虫黄姬蜂、日本瘦姬蜂、大腿蜂和稻苞虫蛹姬小蜂，卵期主要为稻苞虫黑卵蜂。因此，可以在稻田周围种植显花植物，如黄豆、芝麻、波斯菊等，给天敌提供蜜源和栖息场所。

3. 生物防治　在稻苞虫大面积发生时，应选择合适时机放置寄生蜂卵卡，具体放蜂方法参照"二化螟"防治。

4. 科学用药　稻苞虫3龄幼虫的龄期比较短且对药物抗性差，因此防治适期应选择在2龄期更合适。稻苞虫幼虫白天藏在苞内取食，傍晚和阴天才出苞取食，喷药时间宜选择傍晚和阴天。

防治指标：当百丛水稻有卵80粒或幼虫10~20头时，在幼虫3龄以前，抓住重点田块进行药剂防治。

每亩可用90%晶体敌百虫75~100 g，或50%杀螟松乳油100~250 mL等药剂，兑水喷雾。

八、 中华稻蝗

分布与为害

中华稻蝗主要为害水稻和禾本科作物及杂草，各稻区均有分布，是水稻上的重要害虫。中华稻蝗成、若虫均能取食水稻叶片，造成缺刻（图1、图2），严重时稻叶被吃光，也可咬断稻穗和乳熟的谷粒，影响产量。

图1 中华稻蝗为害的秧苗

图2 中华稻蝗为害的叶片

形态特征

成虫雌体长20～44 mm，雄体长15～33 mm；全身黄褐色或黄绿色，头顶两侧在复眼后方各有1条暗褐色纵纹，直达前胸背板的后缘。体分头、胸、腹三部分（图3）。卵似香蕉形，深黄色，卵呈堆状，外有卵囊。若虫称蝗蝻，体比成虫略小，无翅或仅有翅芽，一般6龄（图4）。

图3 中华稻蝗成虫

图4 中华稻蝗若虫

发生规律

1. 发生世代和发生时期 中华稻蝗每年发生1代，以卵在土表层越冬，3月下旬至清明前孵化，一般6月上旬出现成虫。低龄若虫在孵化后有群集生活习性，取食田埂沟边的禾本科杂草，3龄以后开始分散，迁入秧田食害秧苗，水稻移栽后再由田边逐步向田内扩散，4龄起食量大增，且能咬茎和谷粒，至成虫时食量最大，扩散到全田为害，7~8月，水稻处于拔节孕穗期，是稻蝗大量扩散为害期。

2. 影响其发生的因素 该虫的发生与稻田生态环境、气候等有密切的关系。田埂边发生重于田中间，因蝗虫多就近取食，且田埂日光充足，有利于其活动；老稻区发生重，新稻区发生轻，因老稻田卵块密度高，基数大，田埂湿度大，环境稳定，有利于其发生；一年一熟田发生重，一年两熟田发生轻；冬春气温偏高有利于其越冬卵的成活、孵化和为害。

绿色防控技术

1. 农业防治

（1）中华稻蝗喜在田埂、地头、沟渠旁产卵，发生重的地区应组织人力冬春铲除田埂草皮，破坏其越冬场所。

（2）合理轮作，水稻和大豆、向日葵、芝麻等轮作、间作、套种，减少中华稻蝗食料，抑制中华稻蝗发生。

（3）选择抗虫品种：选择叶面毛多刺、叶缘锯齿深的品种，趋避中华稻蝗为害。

（4）放鸭啄食：在中华稻蝗发生盛期，将鸭子赶到田里，取食蝗蝻或成虫。稻田养鸭参见"纹枯病"防治。

2. 生态调控

（1）开发稻田周围的荒地，种植大豆、向日葵等，减少中华稻蝗的滋生地，是防治中华稻蝗的根本措施。

（2）提高稻田周围植被覆盖率，保持环境生态的多样性，保护利用天敌防治中华稻蝗。中华稻蝗的天敌很多，天敌昆虫有蜂虻科、丽蝇科、皮金龟科、食虫虻科、步甲科、拟步甲科、麻蝇科和缘腹细蜂科等；许多鸟类如粉红惊鸟、灰惊鸟、喜鹊、灰喜鹊、百灵鸟、乌鸦、小白露等都是捕食蝗虫的能手；寄生螨类，如红蝗螨、三角真绒螨、拟蛛赤螨、格氏灰足附线螨等均可寄生在蝗蝻和成虫体表。除以上这些外，蛙、蛇、蜥蜴、蚂蚁、蜘蛛等都是可以很好保护利用的稻蝗天敌。

3. 生物防治

（1）保护和利用青蛙、蟾蜍等天敌，可有效抑制中华稻蝗的发生。

（2）喷施生物制剂微孢子虫、白僵菌、绿僵菌、痘病毒等。

（3）喷施植物源农药，如天然除虫菊酯等。

（4）释放性信息素。利用稻蝗群集的习性，喷洒蝗虫聚集素，集中诱杀。

4. 科学用药 抓住 3 龄前中华稻蝗群集在田埂、地边、渠旁取食杂草嫩叶的特点，突击防治，当进入 3~4 龄后常转入大田，防治难度大，防治效果不佳。

百株有虫 10 头以上时，每亩应及时使用 70% 吡虫啉可湿性粉剂 2 g，或 25% 噻虫嗪水分散粒剂 4~6 g，或 2.5% 溴氰菊酯乳油 20~30 mL 等药剂，兑水 50 kg 喷雾，均能取得良好防效。

九、 黑尾叶蝉

分布与为害

黑尾叶蝉别名黑尾浮沉子，广泛分布于我国各稻区，尤以长江中上游和西南各省（市、区）发生较多，是我国稻叶蝉的优势种。寄主有水稻、茭白、慈姑、小麦、大麦、看麦娘、李氏禾、结缕草、稗草等。以取食和产卵时刺伤寄主茎叶，破坏输导组织，受害处呈现棕褐色条斑，致植株发黄或枯死。该虫还能传播水稻普通矮缩病（图1、图2）、黄萎病和黄矮病（图3）。

图1　水稻普通矮缩病叶片虚线状
　　　黄白色失绿条

图2　水稻普通矮缩病叶缘波状缺刻

图3　水稻黄矮病感病株

　　成虫：体长 4.5～6 mm，黄绿色。头与前胸背板等宽，向前呈钝圆角突出，头顶复眼间接近前缘处有1条黑色横凹沟，内有1条黑色亚缘横带。复眼黑褐色，单眼黄绿色。雄虫额唇基区黑色，前唇基及颊区为淡黄绿色；雌虫颜面为淡黄褐色，额唇基的基部两侧区各有数条淡褐色横纹，颊区淡黄绿色。前胸背板两性均为黄绿色。小盾片黄绿色。前翅淡蓝绿色，前缘区淡黄绿色，雄虫翅端 1/3 处黑色，雌虫为淡褐色（图 4）。雄虫胸、腹部腹面及背面黑色，雌虫腹面淡黄色，腹背黑色。各足黄色。

图 4　黑尾叶蝉成虫

　　卵：长茄形，长 1～1.2 mm。

　　若虫：末龄若虫体长 3.5～4 mm，若虫共 4 龄。

　　黑尾叶蝉在田间世代重叠，江浙一带 1 年发生 5～6 代，以 3～4 龄若虫及少量成虫在绿肥田边、塘边、河边的杂草上越冬。越冬若虫多在 4 月羽化为成虫，迁入稻田或茭白田为害，少雨年份易大发生。6 月上中旬为害早稻抽穗期和晚稻秧田；第 6 代于 8 月中下旬为害孕穗期和抽穗期晚稻，这几个时期发生数量大，为害较严重（图 5）。该虫一般从田边向田中蔓延，田边稻株受害较重。成虫趋光性强，并趋向嫩绿稻株产卵。卵多产在叶鞘边缘内侧，几粒至 30 粒排成单行卵块，每雌产卵几十粒至 300 多粒。若虫喜栖息在植株下部或叶片背面取食，有群集性，3～4 龄若虫尤其活跃，受害严重的植株枯萎。10 月间开始回迁到稻田周围杂草丛中越

图 5　黑尾叶蝉稻田为害

冬。主要天敌有褐腰赤眼蜂、捕食性蜘蛛等。

绿色防控技术

1. 农业防治

（1）破坏黑尾叶蝉越冬场所，减少虫源基数。各种绿肥田翻耕前或早晚稻收割时，铲除田边、沟边杂草，减少越冬虫源。

（2）栽种抗虫、耐虫水稻品种。

（3）秧苗拔除后、移栽前，黑尾叶蝉便分散迁移到田坎杂草上取食，等插秧后，就迁入本田为害，这时秧苗抵抗力弱，被害后往往停止生长。因此，在秧田拔秧前 1 周内，彻底铲除其田边杂草，是杜绝黑尾叶蝉移入本田为害最有效的办法。

（4）水稻收割前，除继续铲除田边杂草外，同时对冬水田及时翻耕沤田，冬作小麦、油菜田要及时翻耕捡拾稻茬，以便消灭潜伏在其中取食的若虫。

（5）稻田养鸭，鸭子可以取食部分黑尾叶蝉。稻田养鸭技巧参照"二化螟"防治技术。

2. 物理防治　杀虫灯诱杀，诱杀水稻鳞翅目成虫时，可以兼治黑尾叶蝉。

3. 生物防治　可以在黑尾叶蝉发生始盛期撒施白僵菌粉防治。

4. 科学用药　重点对秧田、本田初期和稻田边行进行防治，病毒病流行地区要做到灭虫在传毒之前。施药适期应掌握在 2、3 龄若虫期进行。可每亩用 10% 吡虫啉可湿性粉剂 2 500 倍液，或 2.5% 氟氯氰菊酯 2 000 倍液，或 20% 异丙威（叶蝉散）乳油 500 倍液，或 18% 杀虫双水剂 500 倍液等药剂，均匀喷雾。

十、　稻赤斑黑沫蝉

　　稻赤斑黑沫蝉别名赤斑沫蝉、稻沫蝉，俗称雷火虫，在浙江、江西、湖南、湖北、四川、贵州、福建、广东、广西、云南等地，向北至河南信阳都有分布。主要为害水稻，也影响高粱、玉米、粟、甘蔗、油菜等农作物。主要为害水稻剑叶，成虫刺吸叶部汁液，初出现黄色斑点，叶尖先变红，初期多在主脉和叶缘之间形成棱形斑（图1），后全叶逐渐枯黄，呈土红色。孕穗前受害，常不易抽穗；孕穗后受害，致穗形短小、秕粒多。

图1　稻赤斑黑沫蝉为害造成
土红色棱形斑

　　成虫：形似知了。体长11~13.5 mm，黑色狭长，有光泽，前翅合拢时两侧近平行。头冠稍凸，复眼黑褐色，单眼黄红色。颜面凸出，密被黑色细毛，中脊明显。触角基部2节粗短，黑色。足长，前足腿节特别长。小盾片三角形，中部有一明显的菱形凹斑。前翅乌黑，较平展，近基部具大白斑2个，雄性近端部具肾状大红斑1个，雌性具2个一大一小的红斑（图2）。

　　卵：长椭圆形，乳白色。

若虫：共5龄，形状似成虫，初乳白色，后变浅黑色，体表四周具泡沫状体液。

图2 稻赤斑黑沫蝉成虫

发生规律

河南、四川、江西、贵州、云南等省1年发生1代，以卵在田埂杂草根际或裂缝的3~10 cm处越冬。翌年5月中旬至下旬孵化为若虫，在土中吸食草根汁液，2龄后渐向上移，若虫常从肛门处排出体液，并将放出或排出的空气吹成泡沫，遮住身体进行自我保护，羽化前爬至土表。6月中旬羽化为成虫，羽化后3~4 h即可为害水稻、高粱或玉米，7月受害重，8月以后成虫数量减少，11月下旬终见。每雌产卵164~228粒。卵期10~11个月，若虫期21~35天，成虫寿命11~41天。一般分散活动，早、晚多在稻田取食，遇有高温强光则藏在杂草丛中，大发生时傍晚在田间成群飞翔。一般田边受害较田中心重。

绿色防控技术

稻赤斑黑沫蝉的防治，目前多采用调查田间植株成虫数量多少的方法来提出防治对策。但成虫在田间的分布、扩散，随作物生长密闭度的增加而变化，从而导致调查数据准确度低，难以确定防治指标和防治适期。所以，从保护农田生态系统的角度，提出以农业防治为基础加强预测预报和达到防治指标科学用药的绿色防控技术。

1. 农业防治

（1）铲除杂草，破坏害虫生存环境。结合中耕管理，在5月上旬至6月上旬将旱地、水田、沟渠、房屋周围、池塘边、水井边等场所杂草，连同土表1.5~3 cm深草根铲除，集中深埋或烧毁，破坏稻赤斑黑沫蝉的生存环境，灭卵，断绝若虫的食料来源，破坏成虫栖息场所。

（2）在老龄若虫吹泡吐沫的地方，撒石灰或草木灰，使泡沫消失以杀死若虫，为害严重的田块，冬春要重撒石灰或犁翻 1 ~ 2 次，或结合铲草积肥、春耕沤田，用稀泥封住田埂、地埂土缝，杀死部分越冬虫卵或阻止若虫孵化。

（3）成虫大发生时，可用纱网在 10 时以前进行人工捕杀。

（4）调节品种播期，避免品种易受害生育期与成虫盛发期一致。提前播种 15 ~ 30 天，错开成虫盛发期和玉米抽雄、吐丝和水稻孕穗、抽穗期，可大幅度降低受害损失。

2. 生物防治　保护和利用蜻蜓、豆娘、蜘蛛等天敌，发挥天敌的自然控制作用。

3. 科学用药

（1）加强预测预报，准确掌握若虫、成虫最佳防治适期。田间、地埂杂草上昼夜不同时刻的泡沫团数量消长，是随老熟若虫出土量而变化的。采用此方法可全面反映该虫发生量、发生期等的动态特点和过程。从 5 月中旬开始，5 ~ 7 天调查 1 次（共查 2 ~ 3 次），其调查方法是当杂草茎秆上出现有若虫泡沫时开始调查，目测泡沫分布情况，选重、中、轻 3 种类型，每个类型查 1 ~ 1.5 m 的田埂或地埂，先查杂草茎秆上泡沫内的若虫，再挖杂草根下 3 ~ 10 cm 内的土层，仔细查根部若虫，计算虫口密度并观察发育进度，确定最佳防治时期。

（2）防治适期：药剂防治若虫的适期应在 3 龄高峰后至成虫出现前；药剂防治成虫适期为出土的高龄若虫达到 50% 以上后 5 ~ 7 天。

（3）药剂防治：选高效、低毒的 20% 三唑磷乳油、20% 高氯·水胺乳油（毒虫丹）、10% 吡虫啉可湿性粉剂、18% 杀虫双水剂等农药进行喷雾防治，喷药时间以傍晚、晴天上午露水干后为宜，施药范围应包括距田边、地埂四周 4 ~ 6 m 的杂草。采用统一施药时间，集中连片，从外向内，先喷四周，随后逐步向田（地）中央合拢的方法施药，可取得很好的防治效果。

十一、 稻 眼 蝶

分布与为害

　　稻眼蝶是一种水稻常见害虫，别名黄褐蛇目蝶、日月蝶、蛇目蝶、短角眼蝶，在我国河南、陕西以南，四川、云南以东各省（市、区）均有分布。寄主作物主要有稻、茭白、甘蔗、竹子等。幼虫为害时沿叶缘取食叶片呈不规则缺刻，严重时整丛叶片均被吃光，影响水稻的生长发育。

形态特征

　　成虫：体长15～17 mm，翅展41～52 mm，翅面暗褐色至黑褐色，背面灰黄色；前翅正反面第3、6室各具一大一小的黑色蛇眼状圆斑，前小后大，后翅反面具2组各3个蛇眼圆斑（图1）。

　　卵：馒头形，大小为0.8～0.9 mm，米黄色，表面有微细网纹，孵化前转为褐色。幼虫初孵时2～3 mm，浅白色，后体长32 mm，老熟幼虫草绿色，纺锤形，头部具角状突起1对，腹末具尾角1对（图2）。

图1　稻眼蝶成虫

图2　稻眼蝶幼虫

蛹：长约15 mm，初绿色，后变灰褐色，腹背隆起呈弓状。腹部第1～4节背面各具1对白点，胸背中央突起呈棱角状。

发生规律

浙江、福建1年发生4～5代，华南5～6代，世代重叠，以蛹或末龄幼虫在稻田、河边、沟边及山间杂草上越冬。成虫羽化多在6～15时，白天飞舞在花丛或竹园四周，晚间静伏在杂草丛中，经5～10天补充营养，交尾后次日把卵散产在叶背或叶面，产卵期30多天，每雌成虫可产卵96～166粒，初孵幼虫先吃卵壳，后取食叶缘，3龄后食量大增。6～7月1～2代幼虫为害中稻，8～9月3～4代幼虫为害晚稻较为严重。老熟幼虫经1～3天不食不动，便吐丝粘着叶背倒挂卷曲化蛹。天敌有弄蝶绒茧蜂、螟蛉绒茧蜂、广大腿蜂及步甲、猎蝽等。

成虫羽化，一般每天多在上午7～10时进行，尤以8～9时最盛，占一天羽化中的80%～85%，下午5时后则停止羽化。成虫羽化后，白天活动，尤以上午10时前和下午4时至傍晚前最活跃。晚间则静止不动，但对黑光灯有趋性。水稻、游草、大叶草、小叶丝茅及节瓜、茄子等多种植物均为其产卵寄主。在水稻、游草、大叶草、小叶丝茅上，卵多产于叶背；节瓜、茄子等宽大的蔬菜作物则以叶面为多。节瓜、茄子和豆角上的卵孵化后也能成活。

成虫白天活动，飞舞于花丛中采蜜，晚间静伏在杂草丛中，经过5～10天补充营养，雌雄性成熟，交尾一般在下午2～4时最为旺盛，交尾后第2天开始产卵，将卵散产在叶背或叶面，产卵期30多天，每雌成虫平均产卵90多粒，多的可达166粒。腹中遗卵多的可达46粒，少的仅有7粒。一般在竹园附近、山边田块以及田边产卵较多。

绿色防控技术

1. 农业防治

（1）结合冬春积肥，铲除田边、沟边、塘边杂草，科学施肥，少施氮肥，避免叶片生长过于茂盛，降低越冬幼虫基数、减少成虫的落卵量。

（2）利用幼虫假死性，晃荡植株，震落后中耕或放鸭捕食，减少幼虫数量。

2. 生态调控　在田边种植显花植物，给天敌提供蜜源植物和栖息场所，保护利用天敌，如稻螟赤眼蜂、蝶绒茧蜂、螟蛉绒茧蜂、广大腿蜂、广黑点瘤姬蜂、步甲、猎蝽和蜘蛛等。

3. 生物防治　喷施生物农药或释放天敌防治。释放赤眼蜂方法参见"二化螟"防治。

4. 科学用药　防治稻纵卷叶螟、稻弄蝶时可兼治稻眼蝶。如果单治，应掌握在幼虫3龄前用药。化学药剂主要有10%吡虫啉可湿性粉剂、90%晶体敌百虫、2.5%溴氯菊酯乳油、50%杀螟松乳油等，可依据使用时的实际情况选择合适药剂，并注意轮换使用药剂，避免产生抗药性。

十二、 稻黑蝽

分布与为害

稻黑蝽主要分布在河北南部、山东和江苏北部、长江以南各省（区、市）。主要为害水稻，也为害小麦、粟、玉米、甘蔗、豆类、马铃薯、柑橘等。成虫、若虫刺吸稻茎、叶和穗部汁液，受害处产生黄斑，严重的分蘖和发育受抑，造成全株枯死。近几年随农田生态环境变化，作物布局的改变，该虫为害逐年加重。

形态特征

成虫：体长8.5～10 mm，宽4.5～5 mm，长椭圆形，黑褐色至黑色，头中叶与侧叶长相等，复眼突出，喙长达后足基节间。前胸背板前角刺向侧方平伸。小盾片舌形，末端稍内凹或平截，长几达腹部末端，两侧缘在中部稍前处内弯。

卵：近短筒形，红褐色，大小0.9 mm×0.8 mm，假卵块圆突，四周有小齿状的呼吸精孔突40～50枚；卵壳网状纹上具小刻点，被有白粉。

若虫：1龄若虫头胸褐色，腹部黄褐色或紫红色，节缝红色，腹背具红褐色斑，体长1.3 mm。3龄若虫暗褐色至灰褐色，腹部散生红褐色小点，前翅芽稍露，体长3.3 mm。5龄若虫头部、胸部浅黑色，腹部稍带绿色，后翅芽明显，体长7.5～8.5 mm。

发生规律

江苏、浙江 1 年发生 1 代，江西 2 代，广东 2 ~ 3 代。以成虫及少数高龄若虫在石块下、土缝内 5 ~ 10 cm 处或杂草根际、稻桩间、树皮缝等处越冬。翌年初夏出蛰，群集在水稻上为害。7 月中旬是产卵盛期，成虫把卵聚产在稻株距水面 6 ~ 9 cm 处的叶鞘上，也有少数产在稻叶上，卵块多为 14 粒，排成 2 行，每雌成虫产卵 75 粒。成、若虫喜在晴朗的白天潜伏在稻丛基部近水面处，傍晚或阴天到叶片或穗部吸食。生长旺盛、叶色浓绿的早播田，施肥多、密植、丘陵、山区垄田发生较重。

绿色防控技术

1. 农业防治

（1）结合农田基本建设，清除田边沟边杂草，恶化稻黑蝽越冬环境，消灭虫源。水稻收割后，稻黑蝽迁移至田埂四周杂草丛中栖息。越冬成虫在迁入秧田为害前也先在杂草上停留，因此，在水稻收割后和翌年春季，清除田边杂草，能有效压低发生基数。

（2）栽秧前，及时沤田，田埂三面用稀泥糊平，能有效减少虫源。

（3）利用稻茎上的卵在水中浸泡 24 h 即不能孵化的特点，在产卵期先适当排水，降低产卵位置，然后灌水浸泡 24 h，隔 3 ~ 4 天再排灌 1 次，连续进行 4 ~ 5 次可杀死大量卵块。

2. 生物防治 稻田养鸭可有效控制稻黑蝽的为害；注意保护利用稻黑蝽卵蜂、白僵菌、蜘蛛、青蛙等天敌。

3. 科学用药 水稻移栽返青后和 1 代稻黑蝽低龄若虫峰期，各进行 1 次药剂防治。可每亩用 40% 毒死蜱乳油 2 000 倍液，或 90% 晶体敌百虫 800 倍液，也可使用 10% 吡虫啉可湿性粉剂 2 000 倍液，见效虽然较慢，但持效期长达 25 ~ 30 天。

十三、　稻绿蝽

分布与为害

稻绿蝽分布在中国东部吉林以南地区，为害对象广泛，包括水稻、玉米、花生、小麦、棉花、豆类、十字花科蔬菜、油菜、芝麻、花卉、果树等作物。其中对水稻的为害主要是成虫和若虫吸食幼穗和叶部汁液，取食谷粒后，在取食处可见小丘状取食痕，经用碘液检查不变成蓝色，说明此痕不是由针刺伤口溢出的淀粉浆汁，很可能像飞虱取食一样，在取食时口器分泌一种能凝结的唾液在口针刺进以后形成一个管道（针鞘）作为口针吸汁的通道。谷粒受害后千粒重下降，一般减产 10% 左右，严重者减产 70%，成、若虫取食后在谷粒受害处米粒上形成凹陷黑点，即造成所谓"黑蚀米"，严重受害时整粒米变小变黑，无食用价值，影响稻米的产量和品质。

形态特征

成虫： 全绿型。体长 12～16 mm，宽 6.0～8.5 mm。长椭圆形，青绿色（越冬成虫暗赤褐色），腹下色较淡。头近三角形，触角 5 节，基节黄绿，第 3、4、5 节末端棕褐色，复眼黑色，单眼红色。喙 4 节，伸达后足基节，末端黑色。前胸背板边缘黄白色，侧角圆，稍突出，小盾片长三角形，基部有 3 个横列的小白点，末端狭圆，超过腹部中央。前翅稍长于腹末。足绿色，跗节 3 节，灰褐色，爪末端黑色。腹下黄绿色或淡绿色，密布黄色斑点（图1）。

卵： 杯形，长 1.2 mm，宽 0.8 mm，初产黄白色，后转红褐色，顶

图 1 稻绿蝽成虫

端有盖，周缘白色，精孔突起成环状，24～30个。

若虫： 1龄若虫体长1.1～1.4 mm，腹背中央有3块排成三角形的黑斑，后期黄褐色，胸部有1个橙黄色圆斑，第2腹节有1个长形白斑，第5、6腹节近中央两侧各有4个黄色斑，排成梯形。2龄若虫体长2.0～2.2 mm，黑色，前、中胸背板两侧各有1个黄斑。3龄若虫体长4.0～4.2 mm，黑色，第1、2腹节背面有4个长形的横向白斑，第3腹节至末节背板两侧各具6个、中央两侧各具4个对称的白斑。4龄若虫体长5.2～7.0 mm，头部有倒T形黑斑，翅芽明显。5龄若虫体长7.5～12 mm，以绿色为主，触角4节，单眼出现，翅芽伸达第3腹节，前胸与翅芽散生黑色斑点，外缘橙红色，腹部边缘具半圆形红斑，中央也具红斑，足赤褐色，跗节黑色（图2、图3）。

图2 多个稻绿蝽若虫

图3 单个稻绿蝽若虫

发生规律

北方地区1年发生1代，四川、江西1年发生3代，广东1年发生4代，少数5代。以成虫在杂草、土缝、灌木丛中越冬。卵的发育起点温度为 12.2 ℃，若虫为 11.6 ℃。卵成块产于寄主叶片上，规则地排成 3~9 行，每块 60~70 粒。初孵若虫聚集在卵壳周围，2、3 龄若虫仍多聚集为害，4 龄后开始分散取食。经 50~65 天变为成虫。成虫有强烈的趋光性，尤喜趋黑光灯。成虫和若虫一样，均有遇惊下坠的习性。每年橘园大发生与夏、秋两季水稻收割后在稻田为害的成虫向橘园飞迁有关。此时大量稻绿蝽聚集于橘园吸食果汁，对鲜果品质影响极大，降低了商品价值。

稻绿蝽以成虫在房屋瓦下墙缝及田间土缝和枯枝落叶下越冬。

绿色防控技术

1. 农业防治

（1）秋季水稻收割后，及时灌水，驱赶成虫到田边杂草上，然后铲除田边杂草，集中销毁，杀死部分成虫，减少越冬虫源。

（2）调整作物布局。同一作物集中连片种植，避免混栽套种，可减少稻绿蝽转移为害，同时便于集中防治。在早、中、晚稻混栽稻区，要采取措施尽量避免双季稻和中稻插花种植，旱地作物棉花、芝麻、高粱、玉米、黄豆等，应尽量避免混栽套种，这样不但不利于田间管理，也不利于稻绿蝽等害虫的防治。

2. 生态调控　蝽类的天敌种类很多，保护和利用好天敌，是防治稻绿蝽经济有效的措施。卵寄生的跳小蜂对稻绿蝽有很好的寄生效果，跳小蜂成虫吸食花蜜，可以在稻田周围种植黄豆、芝麻、波斯菊等显花植物，为天敌昆虫提供蜜源，同时减少田边杂草，恶化稻绿蝽越冬环境。

3. 物理防治　利用稻绿蝽成虫的趋光性，在稻绿蝽成虫暴发期，悬挂杀虫灯诱杀成虫。具体方法参照"二化螟"防治。

4. 科学用药　对达到防治指标（百丛虫量 10 头以上）的田块，在 2~3 龄若虫盛发高峰期，若虫群集在卵壳附近尚未分散时用药。可选用 90% 敌百虫晶体 800 倍液喷雾，有良好的效果，也可选用 50% 辛硫磷乳油 1 000 倍液等药剂喷雾防治。

十四、 稻棘缘蝽

分布与为害

　　稻棘缘蝽分布在湖南、湖北、广东、云南、贵州、西藏等地。寄主为水稻、麦类、玉米、粟、棉花、大豆、柑橘、茶、高粱等。喜聚集在稻、麦的穗上吸食汁液，造成秕粒。

形态特征

　　成虫：体长 9.5 ~ 11 mm，体宽 2.8 ~ 3.5 mm，体黄褐色，狭长，刻点密布。头顶中央具短纵沟，头顶及前胸背板前缘具黑色小粒点，触角第 1 节较粗，长于第 3 节、第 4 节，纺锤形。复眼褐红色，单眼红色。前胸背板多为一色，侧角细长，稍向上翘，末端黑（图 1）。

　　卵：长 1.5 mm，似杏核，全体具珍珠样光泽，表面生有细密的六角形网纹，卵底中央具 1 圆形浅凹。

　　若虫：共 5 龄，3 龄前长椭圆形，4 龄后长梭形。5 龄体长 8 ~ 9.1 mm，体宽 3.1 ~ 3.4 mm，黄褐色带绿色，腹部具红色毛点，前胸背板侧角明显生出，前翅芽伸达第 4 腹节前缘。

图 1　稻棘缘蝽成虫

发生规律

湖北1年发生2代，江西、浙江3代，以成虫在杂草根际处越冬，江西越冬成虫3月下旬出现，4月下旬至6月中下旬产卵。第1代若虫5月上旬至6月底孵出，6月上旬至7月下旬羽化，6月中下旬开始产卵。第2代若虫于6月下旬至7月上旬始孵化，8月初羽化，8月中旬产卵。第3代若虫8月下旬孵化，9月至翌年2月上旬羽化，11月中旬至12月中旬逐渐蛰伏越冬。广东、云南、广西南部无越冬现象。羽化后的成虫7天后在上午10时前交配，交配后4～5天把卵产在寄主的茎、叶或穗上，多散生在叶面上，也有2～7粒排成纵列。早熟或晚熟生长茂盛的稻田易受害，近塘边、山边及与其他禾本科、豆科作物距离近的稻田受害重（图2）。

图2　稻棘缘蝽成虫为害稻穗

绿色防控技术

1.**农业防治**　秋冬季节，清除田园、稻田边杂草，集中处理，减少越冬虫源。

2.**科学用药**　田间虫量大时，在低龄若虫期喷50%马拉硫磷乳油1 000倍液，或2.5%高效氯氟氰菊酯乳油2 000～5 000倍液，或2.5%氯氰菊酯乳油2 000倍液，或10%吡虫啉可湿性粉剂1 500倍液等，每亩喷施兑好的药液50 L，防治1～2次。

十五、 稻水象甲

分布与为害

稻水象甲别名稻水象、稻根象等。1986年我国将其定为对外检疫对象，1988年在河北省唐海县（现曹妃甸区）首次发现。目前稻水象甲在我国吉林、北京、辽宁、天津、河北、山东、浙江、江苏、安徽、福建、陕西、湖南、湖北、河南、四川、贵州、广东、广西及台湾等地有不同程度的发生。稻水象甲主要为害水稻，成虫为害叶片，沿叶脉纵向啃食稻叶，残存一层表皮。在禾本科和莎草科植物上造成白色长条斑，久而呈条状破裂。长条白斑的长度一般不超过3 cm，宽度1 mm（图1）。幼虫共分4个龄期，1、2龄幼虫钻根，3、4龄幼虫切根，使水稻有效分蘖减少，导致植株生长缓慢，植株矮小，穗数、穗粒数减少，严重时引起植株倒伏、成熟期推迟和减产（图2）。被幼虫为害的稻丛根系变少变短，呈黄褐色；幼虫较多时，几无白色根，整个根系呈平刷状，稻丛很易拔起。该虫为害植物范围以禾本科和莎草科为

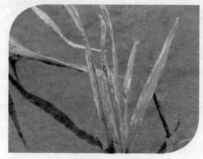

图1　稻水象甲叶片为害状

图2　稻水象甲幼虫大田为害状

主，成虫可为害水旱田植物 10 科 65 种，幼虫可为害生长于水田的 5 科 20 种植物（图 3）。

图 3　稻水象甲在杂草寄主上取食

形态特征

成虫：体长 2.6~3.8 mm，新羽化成虫深黄色，具金属光泽。体壁褐色，密布相互连接的灰色鳞片。前胸背板和鞘翅的中区无鳞片，呈大口瓶状暗褐色斑。喙端部和腹面触角沟两侧，头和前胸背板基部，眼四周前，中、后足基节基部，腹部第 3、第 4 节的腹面及腹部的末端被黄色圆形鳞片。喙和前胸背板约等长，两侧边近于直，只前端略收缩。鞘翅明显具肩，肩斜。翅端平截或稍凹陷，行纹细不明显，每行间被至少 3 行鳞片，第 1、3、5、7 行中部之后上有瘤突。腿节棒形，不具齿。胫节细长弯曲，中足胫节两侧各有一排长的游泳毛（图 4、图 5）。雄虫后足胫节无前锐突，锐突短而粗，深裂成两叉形。雌虫的锐突单个的长而尖，有前锐突。

卵：肉眼或放大镜观察呈香蕉形，圆柱形居多，少数呈棒状、短杆状，在水稻叶鞘内侧组织沿叶脉方向纵排，分散，其他部位分布较少。初产为无色至乳白色，至孵化时变黄且多呈圆柱形。

图 4　稻水象甲成虫

图 5　多头稻水象甲成虫

幼虫：体长 8~10 mm，白色，无足。头部褐色。体呈新月形。腹部第 2~7 节背面有成对向前伸的钩状呼吸管，气门位于管中。幼虫分为 4 龄，1、2 龄幼虫较细小，足突不明显，且 1 龄幼虫在根部极少见；3、4 龄幼虫较大，足突明显，而 4 龄幼虫长宽比小，显得肥胖或粗壮（图 6）。

蛹： 虫茧着生于稻根中部或被咬断的稻根末端，单生，或 2 ~ 6 个着生于稻根某一位置附近。茧壁泥质，质地较硬。茧椭球形或卵球形（图 7）。茧内预蛹或蛹头部向根侧居多，极少数向外，预蛹或蛹乳白色，至羽化时，蛹浅黄色。

图 6　稻水象甲幼虫　　　　　　　图 7　稻水象甲虫茧

发生规律

稻水象甲适应性广、繁殖力强、为害性大。该虫在我国北方稻区 1 年发生 1 代，南方稻区 1 年可发生 2 ~ 3 代。成虫主要在稻田周围的山坡、荒地、农渠、林带、路旁等场所的枯枝落叶下、土块下、土缝中及浮土中等处越冬，少量在稻草及稻田根茬间越冬，此外，还可在稻种中越冬，但存活率很低。

越冬代成虫在春季气温达 10 ℃左右时开始复苏活动。首先取食稻田周围的芦苇、白茅、假稻、假牛鞭草等杂草叶片，5 月上中旬为取食杂草盛期，在植株叶片上造成明显的食痕。邻近的玉米苗往往严重受害，5月中下旬成虫大量向有水处转移，侵入稻田继续啃食水稻叶片，一般以田块的边缘处虫量大。

成虫产卵于水面下的水稻叶鞘组织和根组织中。7天后卵孵化，幼虫入土到地下为害。低龄幼虫蛀食稻根，大龄幼虫咬食稻根。6月下旬至7月上旬达幼虫为害盛期，根系被蛀食，刮风时植株易倾倒，甚至被风拔起浮在水面上。幼虫发育期为30~45天。老熟幼虫作虫茧化蛹。虫茧光滑卵圆形，黏附于稻根上，约10天后羽化出新一代成虫。7月中下旬为羽化出土盛期。成虫回到地上继续为害植物叶片一段时间。稗草和发育晚的稻苗，此时受成虫为害较为明显，少量的成虫在有水的渠沟稗草等杂草上可继续繁育2代，而大部分成虫8月后陆续转移至稻田周围的农渠、林带等场所准备越冬。

稻水象甲成虫有明显的趋光性和季节性迁飞习性。成虫几乎昼夜都活动，但以上午6~11时和下午4~7时最为活跃。稻田成虫以爬行、游水为主，很少飞行。晴天的早晨和黄昏，成虫多在叶尖和植株顶部向阳一侧聚集。阴雨天活动性较差。6月的成虫多在叶面进行取食活动，中午前后，一般沿植株爬入水中，或伏于水层表面附近，或因"风吹草动"作假死坠入水中，在水表或水层内游动。8月以后，稻田的稻水象甲新生成虫几乎没有游水或者在晨昏时间集中于植株冠部活动的特点，而主要在植株中下部活动，取食矮小分蘖的嫩叶。稻水象甲以取食水稻为主完成其生活史，对水稻品种几乎无选择性。而不同长势和不同栽培方式的稻田中发生程度有所不同。插秧早、返青慢、生长不良的稻田稻水象甲成虫、卵和幼虫的数量均较大，成虫对黄绿色稻株具有趋向性，生长不良、枯黄叶鞘较多的植株，有利于产卵。稻水象甲成虫在抛秧田产卵较少，抛秧田对幼虫发育不利。

绿色防控技术

1.检疫措施　加强水稻种子基地产地检疫；严禁未经检疫从发生区调运稻谷、秧苗、稻草及其制品；加强对成虫活动期间来自发生区的交通工具等的检疫检查等。

2. 农业防治

（1）调整种植期，适期晚插秧。

（2）水稻收割后，稻草实行灭虫处理，铲除稻田周边杂草。

3. 物理防治 利用稻水象甲成虫趋光性，可在田间设置杀虫灯诱杀稻水象甲成虫。具体方法参照"二化螟"防治。

4. 生物防治

（1）保护捕食性天敌，如稻田、沼泽地栖息的鸟类、蛙类、淡水鱼类、结网型和游猎型蜘蛛、步甲等天敌。

（2）应用生物农药如绿僵菌、白僵菌等防治稻水象甲成虫。

5. 科学用药 以防治越冬带成虫为主，兼治1代幼虫和1代成虫。

（1）种子处理：利用种衣剂对种子进行处理，减少成虫对秧苗的为害。可选用35%丁硫克百威（好年冬）种子处理干粉剂25～30 g与1 kg催芽露白的稻种混匀拌种，也可选用60%吡虫啉（高巧）悬浮种衣剂20～25 mL，加水20 mL与1 kg催芽露白的稻种混匀拌种。拌种后需摊开阴干后再播种。

（2）秧田、大田时期：

1）越冬代成虫的防治。在水稻育秧、插秧至分蘖期，越冬代成虫迁入稻田未大量产卵前，发现成虫为害状，立即进行越冬代成虫防治，兼治一代螟虫。这一时期是防治最关键时期。稻田越冬代成虫高峰期一般在5月下旬至6月上中旬。每亩推荐药剂及剂量：40%氯虫苯甲酰胺·噻虫嗪（福弋）水分散粒剂8～10 g、20%丁硫克百威（好年冬）乳油50 mL、25%噻虫嗪（阿克泰）水分散粒剂8 g、20%氯虫苯甲酰胺（康宽）悬乳剂50 mL、48%毒死蜱乳油80～100 mL、20%阿维·三唑磷50～70 mL等药剂兑水40～50 kg，均匀喷雾。喷药后24 h内遇雨应重新喷药。防治要全面，稻田及田埂杂草都要喷药。

2）第一代幼虫的防治。水稻移栽后7～10天至孕穗期，越冬代成虫高峰期后3～8天，发现水稻出现明显的叶片发黄、弱苗、僵苗、浮秧、坐蔸、烂根或整株枯死等现象，拔出根部见幼虫，应立即施药防治。第一代幼虫高峰期一般在6月下旬至7月上旬。每亩用5%丁硫克百威（好年冬）颗粒剂2～3 kg，拌细泥土20 kg均匀撒施水田，撒毒土前保持水深4 cm，处理后7天不排水灌溉。

　　3）第一代成虫的防治。7月下旬至8月上旬为新一代成虫高峰期。水稻收获后，要深翻或焚烧根茬，清除水田周围林带内、田埂、沟渠、路旁等越冬场所的所有杂草，必要时喷药防治。使用药剂同越冬代成虫防治用药。要注意农药的交替使用，避免产生抗药性。

十六、 稻 象 甲

分布与为害

稻象甲别名稻象，分布北起黑龙江，南至广东、海南，西抵陕西、甘肃、四川和云南，东达沿海各地和台湾。寄生于稻、瓜类、番茄、大豆、棉花，成虫偶食麦类、玉米和油菜等。成虫以管状喙咬食秧苗茎叶，被害心叶抽出后，轻的呈现一横排小孔，重的秧叶折断，飘浮于水面。幼虫食害稻株幼嫩须根，致叶尖发黄，生长不良。严重时不能抽穗，或造成秕谷，甚至成片枯死（图1、图2）。

图1　稻象甲为害稻叶造成的
　　　整齐的空洞

图2　稻象甲田间为害状

形态特征

成虫：体长约5 mm，体灰黑色，密被灰黄色细鳞毛，头部延伸成稍向下弯的喙管，口器着生在喙管的末端，触角端部稍膨大，黑褐色。鞘翅上各具10条细纵沟，内侧3条色稍深，且在2～3条细纵沟之间的后方，具一长方形白色小斑（图3）。

卵：椭圆形，长0.6～0.9 mm，初产时乳白色，后变为淡黄色半透明而有光泽。

幼虫：末龄幼虫体长9 mm左右，头褐色，体乳白色，肥壮多皱纹，弯向腹面，无足。

蛹：长约5 mm，腹面多细皱纹，末节具1对肉刺，初白色，后变灰色。

图3　稻象甲成虫

发生规律

浙江1年发生1代，江西、贵州部分1代，多为2代，广东2代。一代区以成虫越冬，一、二代交叉区和二代区也以成虫为主，幼虫也能越冬，个别以蛹越冬。幼虫、蛹多在土表3～6 cm深处的根际越冬，成虫常蛰伏在田埂、地边杂草落叶下越冬。江苏南部地区越冬成虫于翌年5～6月产卵，10月间羽化。江西越冬成虫则于5月上中旬产卵，5月下旬一代幼虫孵化，7月中旬至8月中下旬羽化。二代幼虫于7月底至8月上中旬孵化，部分于10月化蛹或羽化后越冬。一般在早稻返青期为害最烈。一代约2个月，二代长达8个月，卵期5～6天，一代幼虫60～70天，越冬代的幼虫期则长达6～7个月。一代蛹期6～10天，成虫早晚活动，白天躲在秧田或稻丛基部株间或田埂的草丛中，有假死性和趋光性。产卵前先在离水面3 cm左右的稻茎或叶鞘上咬一小孔，每孔产卵13～20粒。幼虫喜聚集在土下，食害幼嫩稻根，老熟后在稻根附近土下 3 ~ 7 cm 处筑土室化蛹。生产上通气性好，含水量较低的沙壤田、干燥田、旱秧田易受害。春暖多雨，有利于其化蛹和羽化，早稻分蘖期多雨利于成虫产卵。1 年发生 1 ~ 2代，一般在单季稻区发生 1 代，双季稻成单、双季混栽区发生两代。以成虫在稻桩周围、土隙中越冬为主，也有在田埂。沟边草丛松土中越冬，少数以幼虫成蛹在稻桩附近土下 3 ~ 6 cm 深处做土室越冬。成虫有趋光性和假死性，善游水，好攀登。卵产于稻株近水面 3 cm 左右处，成虫在稻株上咬一小孔产卵，每处 3 ~ 20 余粒不等。幼虫孵出后，在叶鞘内短暂停留取食后，沿稻茎钻入土中，一般群聚在土下深 2 ~ 3cm 处，取食水稻的幼嫩须根和腐殖质，一丛稻根处多的有几十条虫发生为害。发生在丘陵、半山区比平原多，通气性好、含水量较低的沙壤田、干燥田、旱秧田易受害。

绿色防控技术

由于稻象甲主要以幼虫为害根系，幼虫多分布在以稻根为圆心，直径为 12 cm、深 6 cm 的范围内，隐蔽性较强，一旦发现为害再行施药为时已晚。因此，稻象甲的防治应贯彻"合理耕作，诱杀成虫，治成虫控幼虫"的技术措施。重点抓好越冬代成虫防治，集中防治早、晚稻秧田和早插的早、晚稻本田。

1. 农业防治

（1）冬季结合自制有机肥料，将田埂、沟渠、道路、场基上杂草、作物秸秆清尽，特别对多年失管的地区，要联合清除，捣毁稻象甲成虫的越冬场所，消灭越冬成虫。

（2）晚稻收割后及时翻耕稻田，减少冬季免耕田块，早春及时沤田，春耕季节大量捞取浪渣，烧毁或深埋，可消灭大部分越冬成虫、蛹及幼虫，压低越冬虫源。

（3）灌水浸蛹，早稻在 6 月、晚稻在 10 月中旬至 11 月初保持田间适量浸水，或浅水勤灌，使水稻生育后期不过早断水，不仅有利于提高水稻千粒重，而且还可破坏稻象甲的化蛹、羽化。

（4）合理耕作，及时中耕。推广以少耕为主体，深、浅、免耕有机结合的耕作制度，充分发挥深耕对幼虫的杀伤作用，当发现稻象甲幼虫为害稻根时，及时中耕并排水露田，在中耕中杀死一部分幼虫，能有效地控制稻象甲蔓延为害。

2. 物理防治

（1）诱杀成虫：利用成虫喜食甜食的习性，在越冬成虫盛发期，或者在绿肥田、冬种小麦、油麦菜田播种前，用糖醋稻草把、南瓜片、山芋片等，于傍晚撒放在稻象甲活动处，诱捕成虫，次日早晨收集并集中杀灭。一般糖醋液以酒、水、糖、醋的比例为 1 : 2 : 3 : 4 诱集效果为最佳。每天投放糖醋稻草把 20 ~ 30 把 / 亩，2 ~ 3 次即可把稻象甲成虫控制在很低的密度范围内。还可以在成虫盛发期，用黑光灯诱杀，效果较好。

（2）可结合耕田，排干田水，然后撒石灰或茶子饼粉 40 ~ 50 kg/亩，可杀死大量害虫。

3. 科学用药 药剂防治稻象甲重点是晚稻秧田和早播的早、晚稻本田，抓住成虫迁移盛发期把成虫消灭在产卵之前。早稻栽后 7 ~ 10 天，晚稻栽种后 3 ~ 5 天施药。用 20% 三唑磷乳油 1 000 倍液喷雾效果较好，也可使用 50% 杀螟松乳油 800 倍液，或 90% 敌百虫晶体 600 倍液喷雾。

十七、 蚜 虫

分布与为害

水稻田蚜虫分布在中国各麦区及部分稻区，除麦长管蚜外，还有其他几种蚜虫。寄生于水稻、小麦等作物。成、若虫刺吸水稻茎叶、嫩穗，不仅影响生长发育，还分泌蜜露引起煤污病，影响光合作用和千粒重。发生严重的可造成减产20%～30%（图1、图2）。

图1　蚜虫在水稻上刺吸为害
造成的白斑点

图2　蚜虫在水稻上为害

形态特征

（1）无翅孤雌蚜：体长3.1 mm，宽1.4 mm，长卵形，草绿色至橙红色，头部略显灰色，腹侧具灰绿色斑。触角、喙端节、腹管黑色。尾片色浅。腹部第6～8节及腹面具横网纹，无缘瘤。中胸腹岔短柄。额瘤显著外倾。触角（1和2龄若蚜触角均为5节，3～4龄若蚜和成蚜触角均为6节）细长，全长不及体长，第3节基部具1～4个次生感觉圈。喙粗大，超过中足基节。端节圆锥形，是基宽的 1.8 倍。腹管长圆筒形，其长为体长的 1/4，在端部有网纹十几行。尾片长圆锥形，其长为腹管的 1/2，有 6～8 根曲毛。

（2）有翅孤雌蚜：体长 3.0 mm，椭圆形，绿色，触角黑色，第 3 节有 8～12 个感觉圈，排成一行。喙不达中足基节。腹管长圆筒形，黑色，端部具 15～16 行横行网纹，尾片长圆锥状，有 8～9 根毛（图 3）。

图 3　蚜虫在水稻上为害

发生规律

麦长管蚜在长江以南以无翅胎生成蚜和若蚜于麦株心叶或叶鞘内侧及早熟禾、看麦娘、狗尾草等杂草上越冬，无明显休眠现象，气温高时，仍见蚜虫在叶面上取食。浙江越冬蚜于 3～4 月气温 10 ℃以上时开始活动和取食及繁殖，在麦株下部或杂草丛中蛰伏的蚜虫迁至麦株上为害，大量繁殖无翅胎生蚜，到 5 月上旬虫口达到高峰，严重为害小麦和大麦，5 月中旬后，小麦、大麦逐渐成熟，蚜虫开始迁至早稻田，早稻进入分蘖阶段，为害较大，并在水稻上繁殖无翅胎生蚜，进入梅雨季节后，虫量开始减少，大多产生有翅胎生蚜迁至河边、山边及稗草、马唐、茭白、玉米、高粱上栖息或取食，此后出现高温干旱，则进入越夏阶段。9～10 月天气转凉，杂草开始衰老，这时晚稻正处在旺盛生长阶段，最适麦长管蚜取食为害，因此晚稻常遭受严重为害，大发生时，有些田块，每穗蚜虫数可高达数百头。晚稻黄熟后，虫口下降，大多产生有翅胎生蚜，迁到麦田及杂草上取食或蛰伏越冬。

绿色防控技术

1. 农业防治

（1）注意清除田间、地边杂草，尤其夏秋两季除草，对减轻晚稻蚜虫为害具有重要作用。

（2）加强稻田管理，使水稻及时抽穗、扬花、灌浆，提早成熟，可减轻蚜害。

2.生物防治 减少或改进施药方法，避免杀伤麦田天敌，充分利用瓢虫、食蚜蝇、草蛉、蚜茧蜂等天敌控制蚜虫。

3.化学防治 当蚜株率达10%~15%，每株有蚜虫5头以上时，及时防治。可每亩用70%艾美乐可湿性粉剂2 g和2.5%敌杀死乳油25 mL，或25%阿克泰水分散粒剂4~6 g，或2.5%敌杀死乳油20~30 mL，兑水50 L喷雾。

第四部分　水稻病虫害全生育期绿色防控技术模式

一、指导思想

认真贯彻"预防为主、综合防治"的植物保护方针和"公共植物保护、绿色植物保护、科学植物保护"的理念，强化重大病虫害监测和预警，大力推行现代农业植物保护技术，协调应用多种绿色防控方法，着力推进水稻重大病虫害专业化防治，增强应急防控能力，将病虫害控制在经济允许损失水平之下，促进农业稳定发展、农民持续增收和高效生态农业可持续发展。

二、防控对象及策略

1. 防控对象　重点防控对象是稻飞虱、稻纵卷叶螟、二化螟、稻蓟马、稻瘟病、稻曲病、纹枯病、水稻黑条矮缩病等主要病虫，兼顾大螟、三化螟、稻苞虫、稻蝗、水稻条纹叶枯病、恶苗病、水稻胡麻斑病、白叶枯病等次要病虫害。

2. 防控策略　以水稻为主线，以重大病虫为主攻对象，强化源头控制和暴发流行区的应急防控，因地制宜地运用农业防治、生态调控、理化诱控、生物防治、科学用药等综合防治措施，减少化学农药使用量，将病虫为害损失控制在经济允许水平之内，努力实现节本增效和减量控害。

三、绿色防控主要措施

1. 水稻育秧、移栽前

（1）合理轮作：轮作，是指在同一田块上不同年度间有顺序地轮换种植不同作物或以复种方式进行的种植方式，如一年一熟的"大豆→小麦→玉米"3年轮作，这是在年间进行的单一作物的轮作（图1~图3）；在一年多熟条件下，既有年间的轮作，也有年内的换茬，如南方的"绿肥—水稻—水稻→油菜—水稻—水稻→小麦—水稻—水稻"轮作，这种轮作由不同的复种方式组成，因此，也称为复种轮作（图4~图6）。长期轮作不仅能提高土壤质量和土壤中微生物的含量，而且还能提高稻谷产量和质量，并且减轻某些病虫为害，减少轮作地水稻纹枯病、稻瘟病、稻飞虱、叶蝉等发生量。水旱轮作，能减轻水稻田杂草发生量。

（2）休耕养地：休耕，亦称休闲，是指耕地在可种作物的季节只

图1　轮作大豆

图2　轮作小麦

图3　轮作玉米

图4　轮作绿肥田

图5　轮作油菜田

图6　轮作水稻

耕不种或不耕不种的方式（图7）。在农业生产上，耕地进行休闲（休耕），其目的主要是使耕地得到休养生息，以减少水分、养分的消耗，并积蓄雨水，消灭杂草，促进土壤潜在养分转化，为以后作物生长创造良好的土壤环境和条件。根据休耕时间长短，可将休耕分为季节性

图 7　休耕水稻田

休耕、全年休耕和轮作休耕。季节性休耕，指耕地在一年中某个季节休闲，如冬闲、秋闲或夏闲等；全年休耕，指耕地整年休闲；轮作休耕，将作物轮作与耕地休耕结合起来，即耕地在轮作周期内（一般为3~5 年，3~5 个田区），各个出区依次轮流休闲，如国外的"二圃制""三圃制"或"四圃制"就是如此。

（3）品种选择：选择抗病虫品种是水稻生产的重要措施，也是水稻高产的基础。首先选用通过国家或地方审定并在当地示范成功的优质、高产、抗病、抗虫品种（图8、图 9）。品种定期轮换，保持品种抗性。

图 9　选择高产抗性品种（2）

图 8　选择高产抗性品种（1）

　　稻瘟病常发区，建议种植津粳 253、津粳 263、苏秀 10 号、新稻 18、大粮 203、宛粳 096、9 优 418、C 两优华占、郑旱 10 号、新稻 25、晶两优华占、晶两优 534、润农旱粳 1 号、洛稻 998、国稻 6 号等。

　　纹枯病常发区，建议种植五粳 519、新稻 19、新稻 10 号、宛粳 096、冈优 5330、获新 008、五粳 04136、新粳优 1 号等。

　　白叶枯病常发区，建议种植扬两优 6 号、盐粳 2 号、新粳优 1 号、南粳 46、扬粳 805、洛稻 998 等。

　　稻飞虱常发区，建议种植国稻 6 号等。

　　（4）深耕沤田：

　　1）水稻收割后，及时灌 10~20 cm 深的水（图 10），淹没稻桩 10 天左右，能杀死部分在稻桩中越冬的幼虫，并能把稻桩上的螟类成虫赶到田埂杂草上，然后铲除杂草集中处理，压低翌年虫口基数。

　　2）利用螟虫化蛹期抗逆性弱的特点，春季育秧、移栽前，越冬代螟虫蛹期，对冬闲田、绿肥田、油菜田等上一茬种植水稻的田块，及时深耕灌水浸田（图 11），浸没稻桩 7 ~ 10 天。能有效杀死越冬害虫，大大降低虫口基数，减轻后期为害。

　　（5）清除菌核：春季在整平土地灌水以后，尽量打捞混杂在浪渣内，被风吹到田边或田角的菌核和病残体，可用打捞工具打捞浪渣（图 12），并带出田外深埋或晾干后烧掉，坚决防止机械、人工以及灌水的传播，减少菌核数量。

　　（6）平衡施肥：一定要有机肥、无机肥结合，氮肥、磷肥、钾肥

图 10　水稻收获后及时灌水

图 11　深耕灌水灭蛹防治螟虫

配合施用，做到基肥足，追肥早。基肥和追肥应根据水稻需求与提高抗病性的原则，确定二者的比例。有条件的地区最好采取有机肥和化肥相结合的施肥原则，增强茎秆坚硬度，提高抗病性。

（7）诱集越冬代二化螟成虫：越冬代二化螟成虫对性信息素非常敏感，诱集效果最佳。越冬代二化螟成虫羽化期一般在4月底开始，此时单季稻正处在育秧阶段，上茬作物小麦、油菜或者绿肥等还没有收获，需要在上茬作物田放置诱捕器诱集二化螟成虫（图13、图14）。

诱捕器放置方法：每个诱捕器装1枚诱芯（图15、图16），50亩以上连片使用，每亩放置1~2枚诱芯，连片使用面积达到100亩以上时，每亩使用1枚诱芯。诱捕器间隔30~50 m，呈外密内疏放置。诱捕器放置高度以诱捕器下沿离地面0.5~1 m为宜（图17），使用时间宜掌握在二化螟越冬代成虫羽化前1周左右。

图12　打捞浪渣

图13　绿肥田放置诱捕器诱捕二化螟成虫

图14　麦田诱捕器（补充）

图15　诱捕器

图 16 诱芯 图 17 稻螟虫诱捕器放置高度

（8）种植诱集植物和蜜源植物：香根草（图 18、图 19）属于诱集植物，能强烈吸引水稻螟虫在其植株上产卵，有利于集中灭杀，而且香根草上的活性成分对螟虫的幼虫具有毒杀作用，使其不能完成生活史，从而有效控制害虫数量。

黄豆花（图 20）、芝麻花（图 21）、小菊花（图 22）等能为天敌提供花蜜，是促进天敌种群发展的蜜源植物，主要原理是通过提高天敌的繁殖和控害能力，从而有效减轻稻田害虫数量。

在本田田埂种植芝麻或者大豆等蜜源植物，或在稻田机耕道边、较宽的田埂和沟渠土坡上种植香根草（图 23），香根草每丛间距 0.8 ~ 1 m，香根草间可套种芝麻或者大豆（图 24）。

图 19 返青前未修剪的香根草

图 18 诱集植物香根草

图20　水稻田埂黄豆

图21　水稻田埂种芝麻、大豆

图22　水稻田埂种植波斯菊

图23　分栽香根草

图24　香根草间种植大豆

2. 育秧、移栽期

（1）种子处理：水稻要高产，培育壮苗是关键，做好种子处理是关键中的关键。

种子带菌是病菌传播的一个重要途径。水稻种传病害包括恶苗病、细菌性条斑病、穗黑粉病、稻曲病、根尖线虫病等。这些病害一旦发生，都会对水稻产量造成严重损失。种子处理能有效防治种传病害，有温汤浸种和药剂浸种，其中，药剂浸种因操作简便、杀菌效率高而为广大农民所接受。

1）晒种、温汤浸种。育秧前对稻种进行仔细的挑选，除掉菌核及空壳、破损的稻种，晒种后，用 40~45 ℃的温水浸种 60 min，能有效减轻稻瘟病种传病害的发生。

晒种：在浸种前 2~4 天，选择晴天晒种 2 天左右。晒种能使水稻种子内不利于水稻出芽的物质散出，使氧气进入，有利于种子萌发；晒种能够提高种子酶的活性，浸种后，能促进种子内生长素的合成，打破休眠期，提高水稻种子的芽率和芽势；晒种能使种子干燥程度一致，吸水一致，出芽一致；晒种能杀死种子表面的病菌，减少病原菌数量（图 25）。

2）药剂浸种（拌种）。可选用 25% 咪鲜胺乳油、15% 氰烯菌酯乳油、20% 甲基硫菌灵粉剂或者 20% 多菌灵粉剂浸种（图 26、图 27）。

浸种催芽注意事项：药剂浸种时间不能过长，尤其是在高温、缺氧情况下浸种时，千万不能超时浸种，否则会降低芽率；用药量要严

图 25　晒种　　　　　　　　　　图 26　药剂浸种

格按照说明书用量使用，或咨询农技人员；浸种要上下翻动，以利于透氧，提高种子芽势和芽率；催芽前用 35～40 ℃的温水，先预热浸好的种子，使种子温度尽快达到 32 ℃左右，这是提高出芽率和芽齐芽壮的重要措施；催芽时，每 3～4 h 要翻动一次，增加透氧量，避免在缺氧的条件下催芽，使种子无氧呼吸产生乙醇，毒害种子，造成哑谷、不出芽或出芽少；严格掌握催芽温度，温度不能长时间过高或过低，以免造成烧芽或粉种；高温破胸，最好是保持 32 ℃左右，破胸温度高出芽整齐，但不能高于 35 ℃；当种子 85% 破胸后（图 28），将稻种温度降到 25～28 ℃，不能高于 30 ℃，使芽慢长，种芽长度控制在 2 mm 以内（图 29）；当稻种基本出齐时，在 5～10 ℃的地方晾芽 6 h 以上就可用于播种（图 30）；翻动稻种稻芽时，脚或鞋上一定要套上干净的塑料袋，避免带进杂菌，导致烂籽、烂芽；水稻芽破胸后要马上降温。

图 27　拌种

图 28　催芽

图 29　种子处理后发芽

图 30　播种

（2）覆盖育秧：在水稻病毒病发生区阻隔稻飞虱传播病毒，在播种后出芽前采用 20～40 目的防虫网或者 15～20 g/m² 无纺布覆盖育秧（图 31～图 33），育秧期间不揭开网或布。防虫网使用方法：网下每隔 1.5～2 m 用一根弧形或方形支架支撑，防虫网顶端距苗床 40～50 cm，边缘沿畦面四周埋入土中 5～10 cm，压实，移栽前揭网。无纺布直接覆盖在育秧盘上，预留出秧苗生长的空间。

（3）带药移栽：防虫网揭网后移栽前以及本田初期仍是稻株感染病毒病的敏感时期，揭网后立即喷施内吸性长效"送嫁"药（图 34），能有效减少带毒稻飞虱传毒，减轻水稻病毒病发生。具体做法：在揭网后拔秧前 2～3 天，每亩秧田用 20% 三环唑可湿性粉剂 100 g+25% 吡蚜酮可湿性粉剂 16～24 g，或吡虫啉有效成分 3～10 g，或氯虫苯甲酰胺有效成分 1～2 g，兑水 30 kg 均匀喷雾。

图 31　防虫网覆盖育秧

图 32　无纺布覆盖育秧

图 33　育秧棚育秧

图 34　喷施送嫁药

（4）合理稀植：水稻窄行稀植栽培技术是利用水稻边际效应的特点，主要体现在宽上，宽行 40 cm，使水稻上部分叶片不遮挡下部分叶片的光照，促进水稻光合利用率，增强水稻群体的光能利用率，增加水稻稻株内干物质的积累，从而增加水稻的千粒重，达到水稻优质、高产高效的目的。优质稻每亩种植 1.2 万 ~ 1.7 万穴，超级稻、杂交稻每亩种植 1 万 ~ 1.2 万穴。机械化操作田块，实行宽行（距）窄株（距）种植模式，一般宽行距 40 cm，窄行距 20 cm。

3. 分蘖至孕穗期

（1）合理灌溉：返青期保持浅水层，分蘖期湿润灌溉，苗数达到穗数的 80% ~ 90% 时开始露田和晒田，采取多次轻晒，以控制无效分蘖，促进根系下扎生长和壮秆健株。穗分化后灌水并保持浅水至抽穗扬花期。灌浆成熟期间歇灌溉，干湿交替。收获前 7 天左右断水。

（2）稻鸭共作：稻鸭共作技术是对我国传统农业的继承和发展，稻鸭共作技术是水稻、水禽可持续发展的新途径和新方法，实现稻鸭双丰收，使生产效益和生态效益大大提高。研究表明，稻鸭共作技术能显著降低稻田害虫基数，基本上消灭稻田中的稻飞虱、稻象甲和稻纵卷叶螟等害虫，对稻飞虱的防治效果最为明显，基本可代替化学防治。也有研究发现，稻鸭共作技术对稻飞虱和稻叶蝉的控制效果达 98.5% 和 100%，同时对二化螟和三化螟也有一定的控制效果；而且稻鸭田通常密度不高，基部光照通风条件较好，不利于害虫的生存和繁衍，也不利于水稻病害特别是纹枯病的发生；同时，稻鸭共作可有效地控制稻田杂草发生为害，其生物控草效果优于施用一次化学除草剂的效果，可有效降低稻田杂草的种群数量，可以替代除草剂，达到减少农药使用量、延缓杂草抗药性的目的。

在水稻移栽后 10~15 天，每亩放入体形小的麻鸭 12 ~ 15 只，至水稻齐穗期赶出（图 35 ~ 图 37）。

（3）二化螟防治：

1）放置性诱剂。将前期放置的诱捕器及性诱芯移到本田，继续诱控二化螟雄成虫（图 38、图 39）。

随着水稻生长，及时调高诱捕器放置高度，使诱捕器下沿高于

图 35 稻鸭共育育鸭棚

图 36 稻鸭共育早期

图 37 稻鸭共育中期

图 38 群众安装干式诱捕器

图 39 本田诱捕器

植株顶部 1～5 cm；在二化螟整个发生时期应连续使用性诱剂，每隔 6～8 周（也可根据诱芯包装上标注的持效期）更换一次诱芯，否则会影响防效；当诱捕器中虫量过多时，应及时清除死虫。

2）释放寄生蜂。根据虫情监测结果，于成虫高峰期开始释放稻螟赤眼蜂等寄生蜂。均匀设置6~8个/亩放蜂点，放蜂点之间距离8~10 m。连续放蜂2~3次，间隔3~5天，每次放蜂10 000头/亩（图40）。

蜂卡置于放蜂器内或倒扣在带孔的纸杯中，悬挂在木棍或竹竿上插入田间，避免阳光直接照射蜂卡。蜂卡挂放的高度为离植株顶部1~10 cm，并随植株生长进行调整。高温季节蜂卡应置于叶冠层下（图41~图43）。

3）安装杀虫灯。在二化螟发生严重的地方，安装杀虫灯，每30~50亩地安装一盏。为了减少灯光对天敌的杀伤作用，开灯时间控制在二化螟成虫羽化高峰期的晚上8时之后（图44）。

4）应急防控。二化螟大暴发年份，要及时喷施生物农药、高效低毒的化学农药控制为害。生物农药可用金龟子绿僵菌CQMa421可湿

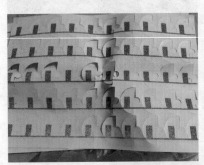

图40 稻螟赤眼蜂蜂卡

图41 稻田放置稻螟赤眼蜂蜂卡（1）

图42 稻田放置稻螟赤眼蜂蜂卡（2）

图43 人工放置稻螟赤眼蜂蜂卡

图44 太阳能杀虫灯诱杀

性粉剂、苏云金杆菌悬浮剂等；高效低毒化学药剂可用阿维菌素、氯虫苯甲酰胺悬浮剂、甲氧虫酰肼悬浮剂、氟苯虫酰胺悬浮剂、甲维盐、茚虫威等及它们的复配剂。

（4）纹枯病和稻瘟病防治：当纹枯病病株率达到15%以上、稻瘟病出现急性病斑时进行防治。

防治纹枯病，可用井冈霉素、蜡质芽孢杆菌、申嗪霉素、多抗霉素及它们的复配制剂等生物农药，也可用高效低毒的化学农药，如肟菌酯、戊唑醇、噻呋酰胺、己唑醇、烯唑醇等及它们的复配剂。

稻叶瘟可用春雷霉素、枯草芽孢杆菌、蜡质芽孢杆菌、多抗霉素及它们的复配剂等生物农药，也可用高效低毒的化学农药，如多菌灵、甲基硫菌灵、稻瘟灵、百菌清、三环唑、肟菌酯、戊唑醇等及它们的复配剂。

4. 抽穗扬花至灌浆期

（1）稻曲病预防：水稻孕穗末期破口前7~10天，如天气预报将遇两天以上连阴雨天气，或凝露雾霾天气多、田间湿度大时，应及时施药预防，如遇多雨高湿、气温适宜时，7天后第二次施药；对感病品种，孕穗末期施药预防。

可选择生物药剂井冈霉素、蜡质芽孢杆菌、枯草芽孢杆菌、解淀粉芽孢杆菌、嘧啶核苷类抗菌素及它们的复配剂；也可以选用高效低毒的化学药剂，如井冈霉素、肟菌酯、丙环唑、戊唑醇、咪鲜胺、嘧菌酯等及它们的复配剂。

（2）稻瘟病防治：田间出现发病中心或急性病斑时，及时防治稻瘟病，在孕穗末期和齐穗期各施药 1 次。用药参见"稻叶瘟"。

（3）稻飞虱和稻纵卷叶螟防治：根据测报监测情况，田间稻飞虱、稻纵卷叶螟种群数量突增，且稻飞虱达到百株有虫 1 000 ~ 1 500 头的防治指标，稻纵卷叶螟百丛有 2 ~ 3 龄幼虫 20 ~ 30 头，束叶小包 30 ~ 40 个的防治指标时，使用药剂防治。

防治稻飞虱，可用生物农药金龟子绿僵菌等，也可用高效低毒的化学农药，如阿维菌素、吡虫啉、吡蚜酮、醚菊酯、噻虫嗪、噻虫啉、噻虫胺、呋虫胺等及它们的复配剂。

防治稻纵卷叶螟，可用生物农药苏云金杆菌、金龟子绿僵菌、甘蓝夜蛾核多角体病毒、球孢白僵菌、苦皮藤素等，也可选用高效低毒的化学农药，如阿维菌素、多杀霉素、茚虫威、甲维盐、辛硫磷、氯虫苯甲酰胺、丙溴磷、噻虫胺、吡蚜酮、溴氰虫酰胺等及它们的复配剂。

第五部分　稻田常用高效植物保护机械介绍

一、地面施药器械

1. 常用施药器械产品性能及主要技术参数

（1）3WSH-1000 水旱两用喷杆喷雾机（图 1）

【性能特点】

1）大功率、双缸汽油发动机，具有体积小、重量轻、易维护、使用成本低等特点。

2）加长车体、拓宽轮距、重心下移，增强了作业时的稳定性及爬坡幅度。

3）耐磨实心轮胎、全封闭脱泥板、750 mm 地隙高度、可调分垄器，不但减少了在泥田、湿地等环境下对作物的压损，而且实现了作物中后期病虫害快速防治作业。

4）喷头具有防滴性能。

图 1　植物保护机械，水稻，3WSH-1000
水旱两用喷杆喷雾机

5）在额定工作压力时，喷杆上各喷头的喷雾量变异系数小于15%。

6）在额定工作压力时，沿喷杆喷雾量分布均匀性变异系数小于20%。

7）药箱搅拌器搅拌均匀性变异系数小于 15%。

8）自吸加水、自动调整喷杆、四轮平衡驱动、四轮液压转向、前后轮迹同轨，单机单人轻松操作，适合于专业化统防统治组织以及规模化农场农作物病虫害防治。

【主要技术参数】

整机结构：前置发动机，中置驾驶，后置药箱；药箱：400 L 玻璃钢材质；发动机：16.92 kW 双缸风冷汽油机；驱动方式：四轮驱动，带差速锁；离地间隙：750 mm；轮距：1 300 mm；轮胎：实心橡胶轮胎；液泵：三缸柱塞泵，压力 0.8 ~ 1.2 MPa；喷杆：喷杆前置，高强度不锈钢支撑杆架，快速电机喷杆伸展，新型电推杆升降，升降高度 450 ~ 1600 mm；喷幅：10 m；转向形式：四轮转向；喷头数量：防滴喷头 18 个，进口扇形喷嘴；喷头流量（单个）：0.76 ~ 1.52 L/min；液泵流量：81 L/min，带自吸水功能；最佳作业速度：3 ~ 8 km/h；效率：60 ~ 80 亩/h；最快行驶速度：18 km/h；倾斜及爬坡：小于 30°；作业下陷值：小于或等于 30 cm 正常行驶作业。

（2）3WSH-500 型自走式喷杆喷雾机（图 2）

图 2　植物保护机械，水稻，3WSH-500
　　　型自走式喷杆喷雾机

【性能特点】

1）大功率、多缸水冷柴油发动机，具有体积小、重量轻、易维护、使用成本低等特点。

2）加长车体、拓宽轮距、重心下移，增强了作业时的稳定性及爬坡幅度。

3）耐磨实心轮胎、全封闭脱泥板、1 100 mm 地隙高度、可调分垄器，不但减少了在泥田、湿地等环境下对作物的压损，而且实现了作物中后期病虫害快速防治作业。

4）自吸加水、自动调整喷杆、四轮平衡驱动、四轮液压转向、前后轮迹同轨，单机单人轻松操作，适合于专业化统防统治组织以及规模化农场农作物病虫害防治。

5）喷头具有防滴性能。

6）在额定工作压力时，喷杆上各喷头的喷雾量变异系数小于15%。

7）在额定工作压力时，沿喷杆喷雾量分布均匀性变异系数小于20%。

8）药箱搅拌器搅拌均匀性变异系数小于15%。

9）可选配充气轮胎、实心轮胎。

【主要技术参数】

整机结构：前置发动机，中置驾驶，后置药箱；药箱：500 L 滚塑材质；发动机：16.92 kW 直列三缸水冷柴油机；驱动方式：四轮驱动，带差速锁；离地间隙：1 000 mm；轮距：1 500 mm；轮胎：充气轮胎、实心橡胶轮胎；液泵：三缸柱塞泵；喷杆：前置，高强度铝合支撑杆架，快速电机喷杆伸展，新型电推杆升降，升降高度450～1 700 mm；喷幅：12 m；转向形式：四轮转向；喷头数量：22个，防滴漏喷头，进口扇形喷嘴；喷头流量（单个）：0.76～1.02 L/min；液泵形式：柱塞泵，压力0.8～1.2 MPa；液泵流量：126 L/min，带自吸水功能；最佳作业速度：3～8 km/h；效率：60～100 亩/h；最快行驶速度：18 km/h；倾斜及爬坡：小于30°；作业下陷值：小于或等于40 cm 正常行驶作业。

（3）3WG–30悬挂式风送远射程喷雾机（图3）

【性能特点】

1）在主喷雾喷口周围会产生不同的气压，可以捕捉喷口周围的空气，增加出风口的实际风量，使喷雾风量更大，喷雾距离更高、更远。

2）50 m 水平喷幅，25 m 垂直射程，180°水平可调节喷洒角度，90°垂直可调节，喷雾范围更广。

图 3 植物保护机械，水稻，3WG-30
悬挂式风送远射程喷雾机

【主要技术参数】

水平射程：≥ 50 m；垂直射程：≥ 25 m；喷雾量：≥ 16.8 L/min；药箱容量：800 L；风机形式：离心式；喷雾泵工作压力：4 MPa；喷雾泵流量：≥ 70 L/min；喷头：圆锥雾，14 个；配套拖拉机动力：≥ 80 HP；液压输出：2 组；药液过滤系统：三级（药箱口 + 泵前 + 喷头处）；药液搅拌形式：高压射流搅拌；喷口水平转动角度：180°；喷口垂直转动角度：90°；洗手箱：15 L；风量：18 m³/h；叶轮直径：≥ 500 mm；最快行驶速度：30 km/h；效率：80 ~ 150 亩 /h。

（4）3WFY-800 风送式高效远程喷雾机（图 4）。

图 4 植物保护机械，水稻，3WFY-800 风送式
高效远程喷雾机

【性能特点】

喷洒系统由一远程喷射口和一近程喷射口组成。可以实现水平面 180° 旋转和垂直面 80° 上下摆动。

【主要技术参数】

药箱容量：800 L；整机净重：480 kg；水平射程：≥ 40 m；垂直射程：≥ 30 m；配套动力：≥ 70 hp；喷雾系统工作压力：0.5 ~ 1.0 MPa；液泵形式：隔膜泵；液泵流量：70 L/min；搅拌方式：射流搅拌；喷幅：40 ~ 50m；喷头数量：14 个；效率：200 ~ 300 亩 /h；喷头流量 D4（单个）：2.8 ~ 4 L/min；喷头流量 D3（单个）：1.7 ~ 2.4 L/min；最佳作业速度：6 ~ 8 km/h。

2. 常用地面施药器械使用注意事项

（1）作业前一定要确认各零部件是否已准确组装，检查各螺栓、螺母是否松动；打开管路总开关和分路开关进行调压，压力不能超过 0.4 MPa；每次作业完毕，将压力调节归零。

（2）田间作业时使用合理速度，切勿超速作业，通过水沟和田垄时减速通过；作业时注意各种障碍物，防止撞坏喷杆；严禁高速行驶。

（3）工作压力不可调得过高，防止胶管爆裂。

（4）操作机器时，手指不要伸入喷杆折叠处，避免发生意外伤害。

（5）风速超过 3 级、气温超过 30℃等，不宜作业使用。

（6）若出现喷头堵塞，应停机卸下喷嘴，用软质专用刷子清理杂物，切忌用铁丝、改锥等强行处理，以免影响喷雾均匀度和喷头使用寿命。

（7）配药时使用的水要洁净，如河水等自然水源，要经过沉淀过滤等处理后使用。

（8）不允许药箱内直接配药；更换不同类型药剂，需进行彻底清洗。

（9）正常作业时，喷头和作物高度保持 50 cm（也可以根据农艺要求来定）。

（10）每季作业后清洗药箱及管路，并将隔膜泵清洗后加入防冻液，放置干燥温暖房间存放。

二、植物保护无人机

1. 常用植物保护无人机产品性能及主要技术参数

（1）MG-1P RTK 植物保护无人机（图5）。

【性能特点】

1）全自主雷达：实时检测周边障碍物，能检测到半径 0.5 cm 以上的电线或障碍物，保障飞行安全。

2）摄像头图传：123° 广角镜头，第一视角 FPV 摄像头，实现远距离实时图像传输、飞行打点，快速规划地块。

3）精准喷洒：智能药液泵，根据飞行速度控制喷洒流量，实现精准喷洒。

4）飞行安全：八轴动力冗余，一个电机损坏仍能保障正常飞行。

5）夜间作业：双探照灯，保障夜间也能安全作业。

图5　植物保护机械，水稻，
MG-1P RTK 植物保护无人机

6）一控多机：一个遥控器可同时操控 5 架无人机。

7）多种模式：手动、自动和半自动多种作业模式，可根据不同田块选择不同作业模式，适应更多更复杂的田块和地形。

8）坐标记忆：自动记录上次未打药位置，加药后飞行到指定位置自行打开继续喷施。

9）智能监控：实时监控作业数据，后台轻松调取所有飞行参数和作业过程。

10）智能遥控：3 000 m 遥控距离，配备高清超亮显示屏，遥控器电池、天线可更换。

【主要技术参数】

标准起飞重量：23.9 kg；容积：10 L；标准作业载荷：10 kg；喷头：4 个 XR11001VS（流量：0.379 L/min）；雾化粒径：130～250 μm（与实际工作环境、喷洒速率等有关）；作业效率：1.04～1.5 亩/min；日作业面积：300～400 亩；单架次作业面积：10～15 亩；悬停时间：

9 min；相对飞行高度：距离农作物蓬面 1.5～3 m；喷幅：3～5 m（风速 2～3 级）；测距精度：0.10m；高度测量范围：1～30 m；定高范围：1.5～3.5 m；避障系统可感知范围：1.5～30 m，根据飞行方向实现前后方避障；定位系统：GPS+GLONASS（全球）或者 GPS+Beidou（亚太）。

（2）P30RTK 电动四旋翼植物保护无人机（图 6）。

图 6　植物保护机械，水稻，P30RTK
电动四旋翼植物保护无人机

【性能特点】

可夜间作业、秒启停、断点续喷、作业轨迹监管、作业面积监管、作业区域管理、无人机远程锁定。

【主要技术参数】

标准起飞重量：37.5 kg；最大载药量：15 kg；有效喷幅：3.5 m；喷头：4 个离心雾化喷头；雾化粒径：85～140 μm；适应剂型：水剂、乳油、粉剂；最大作业速度：8 m/s（风速 2～3 级）；作业效率：80 亩/h；单次飞行最大面积：30 亩；相对飞行高度：距离农作物蓬面 1.5～3 m；满载飞行时间：12 min；电机类型：无刷电机；电机驱动：FOC 驱动；电机寿命：≥200 h；定位方式：GNSS RTK；飞控型号：SUPERX 3 RTK；遥控系统：地面站系统。

（3）3WQFTX-101S 智能悬浮植物保护无人机（图 7）。

图 7　植物保护机械，水稻，3WQFTX-10 1S
智能悬浮植物保护无人机

【性能特点】

1）柔性喷洒机构，在田间地头复杂情况下转场不易损坏，而在作业时又不失结构刚性，能较好地保证喷洒效果。

2）内藏式电池固定方式，使整机结构更紧凑，满载和空载的重心变化较小，更有利于飞行，并且喷洒效果更理想。

3）优化的整机结构使结构强度更大，进一步减少意外发生时的损失。

4）外壳涂装彩画，远距离视觉好，增加可操作性。

【主要技术参数】

标准起飞重量：25.5 kg；容积：9 L；标准作业载荷：9 kg；喷头型号：120-015（流量：0.54 L/min）；数量：4 个；最大作业飞行速度：6 m/s（风速 2～3 级）；作业效率：1～1.2 亩/min；日作业面积：350～400 亩；单架次作业面积：11～12 亩；悬停时间：5～6 min；相对飞行高度：距离农作物蓬面 1.5～2 m；喷幅：4～5 m（高度不同及逆风或顺风有所变化，风速 2～3 级）；测距精度：0.2 m；高度测量范围：0.5～10 m；定高范围：0.5～10 m；避障系统：可感知范围：3～5 m；定位系统：单点 GPS 和 RTK 可选。

（4）3WQF120-12 型智能悬浮植物保护无人机（图 8）。

【性能特点】

喷幅大，作业效率高，作业效果好，不用充电，加油即飞。

【主要技术参数】

标准起飞重量: 40 kg; 容积: 12 L; 标准作业载荷: 12 kg; 喷头型号: 02、015 (流量: 1.44~1.89 L/min); 数量: 3 个; 最大作业飞行速度: 8 m/s (风速 2~3 级); 作业效率: 1~1.5 亩/min; 日作业面积: 400~500 亩; 单架次作业面积: 10~15 亩; 悬停时间: 30 min; 相对飞行高度: 距离农作物蓬面 1~3 m; 喷幅: 4~6 m (风速 2~3 级); 测距精度: 0.5 m; 高度测量范围: 1~10 m; 定高范围: 1~10 m; 避障系统可感知范围: 0~30 m; 定位系统: 单点 GPS 和 RTK 可选。

(5) M45 型六旋翼农用无人机 (图 9)。

图 8 植物保护机械, 水稻, 3WQF120-12 型智能悬浮植物保护无人机

图 9 植物保护机械, 水稻, M45 型六旋翼农用无人机

【性能特点】

体积小、自重轻、易转场, 喷幅可调, 支持夜间作业, 全自主飞行, 可用于喷雾、喷粉、撒颗粒, 具有低药、低电、低信号保护功能, 实时药液监测, 变量喷洒, 断点续喷、RTK 精准定位, 支持仿地飞行、远程实时作业管理, 喷头具备防滴功能, 距离障碍物 (直径 ≥ 2.5 cm) 3 m 以外能自动避让。

【主要技术参数】

最大起飞重量: 47 kg; 容积: 20 L; 标准作业载荷: 20 kg; 旋翼: 6 个; 喷头型号: 压力喷头 4 个; 最大作业飞行速度: 6 m/s (风速 2~3 级); 日作业面积: 400~500 亩; 单架次作业面积: 20~30 亩; 单架次作业时间: 8~10.9 min; 满载悬停时间: 10.2 min; 残留液量:

25 mL；过滤级数：3级；相对飞行高度：距离农作物蓬面2~5 m；喷幅：6~8 m（风速2~3级）；整机喷雾量：1.8~2.6 L/min；续航能力：1.25。

2. 常用植物保护无人机使用注意事项

（1）飞行前要对机器进行全面的检查，检查飞机和遥控器的电池电量是否充足。

（2）飞行前检查风力风向，注意药剂类型和周边环境，确保无敏感作物和对其他生物无影响再进行作业。

（3）飞行时要远离人群，不允许田间有人时作业；作业时的起降应远离障碍物5 m以上；10万V及以上的高压变电站、高压线100 m范围内禁止飞行作业。

（4）严禁在雨天或有闪电的天气下飞行；当自然风速≥5 m/s时，应停止植物保护作业或采取必要的飞行安全措施和防雾滴漂移措施；下雨天气或预计未来2~3 h降雨天气不可施药。

（5）一定要保持飞机在自己的视线范围内飞行。

（6）同一区域有两架或两架以上的无人机作业时，应保持10 m以上的安全作业距离；操控员应站在上风处和背对阳光进行操控作业。

（7）随时注意观察喷头喷雾状态，发现有堵塞的情况要及时更换，并将更换下来的喷头浸泡在清水中，以免凝结。

（8）喷洒杀虫剂和杀菌剂时，每亩施药液量不应小于1 L；喷洒除草剂时每亩施药液量应在2 L以上。

（9）为避免水分蒸发，药液漂移，须混配专用抗飘移、抗蒸发的飞防助剂，混匀后施药保证药效稳定发挥。

（10）作业后及时清理药箱和滤网，施用不同药液需彻底清洗药箱。